TARIF

POUR

LA QUADRATURE DU SCIAGE DES BOIS,

CALCULÉ JUSQU'A UNE LONGUEUR DE MADRIER DE 308 DÉCIMÈTRES
ET UNE LARGEUR DE 162 CENTIMÈTRES;

PAR

P.[bre] B.[my] GUIBERT,

CONTRE-MAITRE AU DÉTAIL DU SCIAGE DES BOIS DE LA DIRECTION DES
CONSTRUCTIONS NAVALES, A TOULON.

IMPRIMÉ PAR ORDRE DU MINISTRE,

Pour l'usage des Arsenaux de la Marine.

1839.

Toulon. — Imprimerie d'Eugène Aurel.

Table de Multiplication.

2		3		4		5		6		7		8		9		10		11		12		13	
2	4	3	9	4	16	5	25	6	36	7	49	8	64	9	81	10	100	11	121	12	144	13	169
3	6	4	12	5	20	6	30	7	42	8	56	9	72	10	90	11	110	12	132	13	156	14	182
4	8	5	15	6	24	7	35	8	48	9	63	10	80	11	99	12	120	13	143	14	168	15	195
5	10	6	18	7	28	8	40	9	54	10	70	11	88	12	108	13	130	14	154	15	180	16	208
6	12	7	21	8	32	9	45	10	60	11	77	12	96	13	117	14	140	15	165	16	192	17	221
7	14	8	24	9	36	10	50	11	66	12	84	13	104	14	126	15	150	16	176	17	204	18	234
8	16	9	27	10	40	11	55	12	72	13	91	14	112	15	135	16	160	17	187	18	216	19	247
9	18	10	30	11	44	12	60	13	78	14	98	15	120	16	144	17	170	18	198	19	228	20	260
10	20	11	33	12	48	13	65	14	84	15	105	16	128	17	153	18	180	19	209	20	240	21	273
11	22	12	36	13	52	14	70	15	90	16	112	17	136	18	162	19	190	20	220	21	252	22	286
12	24	13	39	14	56	15	75	16	96	17	119	18	144	19	171	20	200	21	231	22	264	23	299
13	26	14	42	15	60	16	80	17	102	18	126	19	152	20	180	21	210	22	242	23	276	24	312
14	28	15	45	16	64	17	85	18	108	19	133	20	160	21	189	22	220	23	253	24	288	25	325
15	30	16	48	17	68	18	90	19	114	20	140	21	168	22	198	23	230	24	264	25	300	26	338
16	32	17	51	18	72	19	95	20	120	21	147	22	176	23	207	24	240	25	275	26	312	27	351
17	34	18	54	19	76	20	100	21	126	22	154	23	184	24	216	25	250	26	286	27	324	28	364
18	36	19	57	20	80	21	105	22	132	23	161	24	192	25	225	26	260	27	297	28	336	29	377
19	38	20	60	21	84	22	110	23	138	24	168	25	200	26	234	27	270	28	308	29	348	30	390
20	40	21	63	22	88	23	115	24	144	25	175	26	208	27	243	28	280	29	319	30	360	31	403
21	42	22	66	23	92	24	120	25	150	26	182	27	216	28	252	29	290	30	330	31	372	32	416
22	44	23	69	24	96	25	125	26	156	27	189	28	224	29	261	30	300	31	341	32	384	33	429
23	46	24	72	25	100	26	130	27	162	28	196	29	232	30	270	31	310	32	352	33	396	34	442
24	48	25	75	26	104	27	135	28	168	29	203	30	240	31	279	32	320	33	363	34	408	35	455
25	50	26	78	27	108	28	140	29	174	30	210	31	248	32	288	33	330	34	374	35	420	36	468
26	52	27	81	28	112	29	145	30	180	31	217	32	256	33	297	34	340	35	385	36	432	37	481
27	54	28	84	29	116	30	150	31	186	32	224	33	264	34	306	35	350	36	396	37	444	38	494
28	56	29	87	30	120	31	155	32	192	33	231	34	272	35	315	36	360	37	407	38	456	39	507
29	58	30	90	31	124	32	160	33	198	34	238	35	280	36	324	37	370	38	418	39	468	40	520
30	60	31	93	32	128	33	165	34	204	35	245	36	288	37	333	38	380	39	429	40	480	41	533
31	62	32	96	33	132	34	170	35	210	36	252	37	296	38	342	39	390	40	440	41	492	42	546
32	64	33	99	34	136	35	175	36	216	37	259	38	304	39	351	40	400	41	451	42	504	43	559
33	66	34	102	35	140	36	180	37	222	38	266	39	312	40	360	41	410	42	462	43	516	44	572
34	68	35	105	36	144	37	185	38	228	39	273	40	320	41	369	42	420	43	473	44	528	45	585
35	70	36	108	37	148	38	190	39	234	40	280	41	328	42	378	43	430	44	484	45	540	46	598
36	72	37	111	38	152	39	195	40	240	41	287	42	336	43	387	44	440	45	495	46	552	47	611
37	74	38	114	39	156	40	200	41	246	42	294	43	344	44	396	45	450	46	506	47	564	48	624
38	76	39	117	40	160	41	205	42	252	43	301	44	352	45	405	46	460	47	517	48	576	49	637
39	78	40	120	41	164	42	210	43	258	44	308	45	360	46	414	47	470	48	528	49	588	50	650
40	80	41	123	42	168	43	215	44	264	45	315	46	368	47	423	48	480	49	539	50	600	51	663
41	82	42	126	43	172	44	220	45	270	46	322	47	376	48	432	49	490	50	550	51	612	52	676
42	84	43	129	44	176	45	225	46	276	47	329	48	384	49	441	50	500	51	561	52	624	53	689
43	86	44	132	45	180	46	230	47	282	48	336	49	392	50	450	51	510	52	572	53	636	54	702
44	88	45	135	46	184	47	235	48	288	49	343	50	400	51	459	52	520	53	583	54	648	55	715
45	90	46	138	47	188	48	240	49	294	50	350	51	408	52	468	53	530	54	594	55	660	56	728
46	92	47	141	48	192	49	245	50	300	51	357	52	416	53	477	54	540	55	605	56	672	57	741
47	94	48	144	49	196	50	250	51	306	52	364	53	424	54	486	55	550	56	616	57	684	58	754
48	96	49	147	50	200	51	255	52	312	53	371	54	432	55	495	56	560	57	627	58	696	59	767
49	98	50	150	51	204	52	260	53	318	54	378	55	440	56	504	57	570	58	638	59	708	60	780
50	100	51	153	52	208	53	265	54	324	55	385	56	448	57	513	58	580	59	649	60	720	61	793
51	102	52	156	53	212	54	270	55	330	56	392	57	456	58	522	59	590	60	660	61	732	62	806
52	104	53	159	54	216	55	275	56	336	57	399	58	464	59	531	60	600	61	671	62	744	63	819
53	106	54	162	55	220	56	280	57	342	58	406	59	472	60	540	61	610	62	682	63	756	64	832
54	108	55	165	56	224	57	285	58	348	59	413	60	480	61	549	62	620	63	693	64	768	65	845
55	110	56	168	57	228	58	290	59	354	60	420	61	488	62	558	63	630	64	704	65	780	66	858
56	112	57	171	58	232	59	295	60	360	61	427	62	496	63	567	64	640	65	715	66	792	67	871
57	114	58	174	59	236	60	300	61	366	62	434	63	504	64	576	65	650	66	726	67	804	68	884
58	116	59	177	60	240	61	305	62	372	63	441	64	512	65	585	66	660	67	737	68	816	69	897

MANIÈRE

DE SE SERVIR

DU PRÉSENT TARIF.

Il existe plusieurs tarifs pour évaluer les surfaces des traits de scie ; le plus nouveau, que l'on regarde comme le meilleur, est celui de M. Penevert ; il est cependant incomplet puisqu'il ne suppose aux surfaces que des dimensions paires ; les produits y sont, en outre, disposés d'une manière confuse. La longue habitude que j'ai des calculs de ce genre, m'a fait apercevoir le moyen de faciliter et d'abréger les opérations.

Pour se servir de mon Tarif, on prend les trois nombres qui expriment la longueur, la largeur du trait et le nombre de traits; on multiplie entr'eux les deux plus faibles à l'aide de la table de multiplication placée au commencement et à la fin du livre, selon que l'on a l'habitude de travailler à gauche ou à droite ; on prend ensuite le produit trouvé et le troisième nombre, on cherche le plus faible des deux à la tête des colonnes du tarif et le plus fort dans une des colonnes verticales correspondantes, la surface cherchée est à côté de ce dernier.

EXEMPLE :

Une pièce ayant 5 traits de scie de 35 centimètres de largeur, sur 125 décimètres de longueur. On multipliera, au moyen du livret, 35 par 5, ce qui donne pour produit 175. Cherchant alors en tête le nombre 125, et 175 dans la colonne verticale correspondante, on trouvera que le carré est de 21 mèt. 87 cent. 5 mill.

OPÉRATION CALCULÉE.

```
    125
     35
  -----
    625
   375
  -----
   437,5
       5
  -----
  21,87,5
```

Si l'un des nombres se trouvait excéder les limites du Tarif, on en prendrait la moitié, on opérerait comme à l'ordinaire, en ayant soin de doubler le résultat.

EXEMPLE.

Une pièce ayant 8 traits de scie de 50 centimètres de largeur et 155 décimètres de longueur. On cherche dans le livret quel produit donne 50 multiplié par 8; mais ce produit qui est 400, n'étant pas contenu dans le Tarif, on en prendra la moitié, puis on cherchera en tête le nombre 155, ensuite celui de 200, et l'on trouvera un carré de 31 mètres, qui, étant doublé, en forme un de 62 mètres, carré réel de la pièce.

```
     155
      50
  ------
   7,750
       8
  ------
  62,000
```

1								
1	»	001	50	»	050	99	»	099
2	»	002	51	»	051	100	»	100
3	»	003	52	»	052	101	»	101
4	»	004	53	»	053	102	»	102
5	»	005	54	»	054	103	»	103
6	»	006	55	»	055	104	»	104
7	»	007	56	»	056	105	»	105
8	»	008	57	»	057	106	»	106
9	»	009	58	»	058	107	»	107
10	»	010	59	»	059	108	»	108
11	»	011	60	»	060	109	»	109
12	»	012	61	»	061	110	»	110
13	»	013	62	»	062	111	»	111
14	»	014	63	»	063	112	»	112
15	»	015	64	»	064	113	»	113
16	»	016	65	»	065	114	»	114
17	»	017	66	»	066	115	»	115
18	»	018	67	»	067	116	»	116
19	»	019	68	»	068	117	»	117
20	»	020	69	»	069	118	»	118
21	»	021	70	»	070	119	»	119
22	»	022	71	»	071	120	»	120
23	»	023	72	»	072	121	»	121
24	»	024	73	»	073	122	»	122
25	»	025	74	»	074	123	»	123
26	»	026	75	»	075	124	»	124
27	»	027	76	»	076	125	»	125
28	»	028	77	»	077	126	»	126
29	»	029	78	»	078	127	»	127
30	»	030	79	»	079	128	»	128
31	»	031	80	»	080	129	»	129
32	»	032	81	»	081	130	»	130
33	»	033	82	»	082	131	»	131
34	»	034	83	»	083	132	»	132
35	»	035	84	»	084	133	»	133
36	»	036	85	»	085	134	»	134
37	»	037	86	»	086	135	»	135
38	»	038	87	»	087	136	»	136
39	»	039	88	»	088	137	»	137
40	»	040	89	»	089	138	»	138
41	»	041	90	»	090	139	»	139
42	»	042	91	»	091	140	»	140
43	»	043	92	»	092	141	»	141
44	»	044	93	»	093	142	»	142
45	»	045	94	»	094	143	»	143
46	»	046	95	»	095	144	»	144
47	»	047	96	»	096	145	»	145
48	»	048	97	»	097	146	»	146
49	»	049	98	»	098	147	»	147

2								
2	»	004	51	»	102	100	»	200
3	»	006	52	»	104	101	»	202
4	»	008	53	»	106	102	»	204
5	»	010	54	»	108	103	»	206
6	»	012	55	»	110	104	»	208
7	»	014	56	»	112	105	»	210
8	»	016	57	»	114	106	»	212
9	»	018	58	»	116	107	»	214
10	»	020	59	»	118	108	»	216
11	»	022	60	»	120	109	»	218
12	»	024	61	»	122	110	»	220
13	»	026	62	»	124	111	»	222
14	»	028	63	»	126	112	»	224
15	»	030	64	»	128	113	»	226
16	»	032	65	»	130	114	»	228
17	»	034	66	»	132	115	»	230
18	»	036	67	»	134	116	»	232
19	»	038	68	»	136	117	»	234
20	»	040	69	»	138	118	»	236
21	»	042	70	»	140	119	»	238
22	»	044	71	»	142	120	»	240
23	»	046	72	»	144	121	»	242
24	»	048	73	»	146	122	»	244
25	»	050	74	»	148	123	»	246
26	»	052	75	»	150	124	»	248
27	»	054	76	»	152	125	»	250
28	»	056	77	»	154	126	»	252
29	»	058	78	»	156	127	»	254
30	»	060	79	»	158	128	»	256
31	»	062	80	»	160	129	»	258
32	»	064	81	»	162	130	»	260
33	»	066	82	»	164	131	»	262
34	»	068	83	»	166	132	»	264
35	»	070	84	»	168	133	»	266
36	»	072	85	»	170	134	»	268
37	»	074	86	»	172	135	»	270
38	»	076	87	»	174	136	»	272
39	»	078	88	»	176	137	»	274
40	»	080	89	»	178	138	»	276
41	»	082	90	»	180	139	»	278
42	»	084	91	»	182	140	»	280
43	»	086	92	»	184	141	»	282
44	»	088	93	»	186	142	»	284
45	»	090	94	»	188	143	»	286
46	»	092	95	»	190	144	»	288
47	»	094	96	»	192	145	»	290
48	»	096	97	»	194	146	»	292
49	»	098	98	»	196	147	»	294
50	»	100	99	»	198	148	»	296

3								
3	»	009	52	»	156	101	»	
4	»	012	53	»	159	102	»	
5	»	015	54	»	162	103	»	
6	»	018	55	»	165	104	»	
7	»	021	56	»	168	105	»	
8	»	024	57	»	171	106	»	
9	»	027	58	»	174	107	»	
10	»	030	59	»	177	108	»	
11	»	033	60	»	180	109	»	
12	»	036	61	»	183	110	»	
13	»	039	62	»	186	111	»	
14	»	042	63	»	189	112	»	
15	»	045	64	»	192	113	»	
16	»	048	65	»	195	114	»	
17	»	051	66	»	198	115	»	
18	»	054	67	»	201	116	»	
19	»	057	68	»	204	117	»	
20	»	060	69	»	207	118	»	
21	»	063	70	»	210	119	»	
22	»	066	71	»	213	120	»	
23	»	069	72	»	216	121	»	
24	»	072	73	»	219	122	»	
25	»	075	74	»	222	123	»	
26	»	078	75	»	225	124	»	
27	»	081	76	»	228	125	»	
28	»	084	77	»	231	126	»	
29	»	087	78	»	234	127	»	
30	»	090	79	»	237	128	»	
31	»	093	80	»	240	129	»	
32	»	096	81	»	243	130	»	
33	»	099	82	»	246	131	»	
34	»	102	83	»	249	132	»	
35	»	105	84	»	252	133	»	
36	»	108	85	»	255	134	»	
37	»	111	86	»	258	135	»	
38	»	114	87	»	261	136	»	
39	»	117	88	»	264	137	»	
40	»	120	89	»	267	138	»	
41	»	123	90	»	270	139	»	
42	»	126	91	»	273	140	»	
43	»	129	92	»	276	141	»	
44	»	132	93	»	279	142	»	
45	»	135	94	»	282	143	»	
46	»	138	95	»	285	144	»	
47	»	141	96	»	288	145	»	
48	»	144	97	»	291	146	»	
49	»	147	98	»	294	147	»	
50	»	150	99	»	297	148	»	
51	»	153	100	»	300	149	»	

4								
4	»	016	53	»	212	102	»	408
5	»	020	54	»	216	103	»	412
6	»	024	55	»	220	104	»	416
7	»	028	56	»	224	105	»	420
8	»	032	57	»	228	106	»	424
9	»	036	58	»	232	107	»	428
10	»	040	59	»	236	108	»	432
11	»	044	60	»	240	109	»	436
12	»	048	61	»	244	110	»	440
13	»	052	62	»	248	111	»	444
14	»	056	63	»	252	112	»	448
15	»	060	64	»	256	113	»	452
16	»	064	65	»	260	114	»	456
17	»	068	66	»	264	115	»	460
18	»	072	67	»	268	116	»	464
19	»	076	68	»	272	117	»	468
20	»	080	69	»	276	118	»	472
21	»	084	70	»	280	119	»	476
22	»	088	71	»	284	120	»	480
23	»	092	72	»	288	121	»	484
24	»	096	73	»	292	122	»	488
25	»	100	74	»	296	123	»	492
26	»	104	75	»	300	124	»	496
27	»	108	76	»	304	125	»	500
28	»	112	77	»	308	126	»	504
29	»	116	78	»	312	127	»	508
30	»	120	79	»	316	128	»	512
31	»	124	80	»	320	129	»	516
32	»	128	81	»	324	130	»	520
33	»	132	82	»	328	131	»	524
34	»	136	83	»	332	132	»	528
35	»	140	84	»	336	133	»	532
36	»	144	85	»	340	134	»	536
37	»	148	86	»	344	135	»	540
38	»	152	87	»	348	136	»	544
39	»	156	88	»	352	137	»	548
40	»	160	89	»	356	138	»	552
41	»	164	90	»	360	139	»	956
42	»	168	91	»	364	140	»	560
43	»	172	92	»	368	141	»	564
44	»	176	93	»	372	142	»	568
45	»	180	94	»	376	143	»	572
46	»	184	95	»	380	144	»	576
47	»	188	96	»	384	145	»	580
48	»	192	97	»	388	146	»	584
49	»	196	98	»	392	147	»	588
50	»	200	99	»	396	148	»	592
51	»	204	100	»	400	149	»	596
52	»	208	101	»	404	150	»	600

5								
5	»	025	54	»	270	103	»	515
6	»	030	55	»	275	104	»	520
7	»	035	56	»	280	105	»	525
8	»	040	57	»	285	106	»	530
9	»	045	58	»	290	107	»	535
10	»	050	59	»	295	108	»	540
11	»	055	60	»	300	109	»	545
12	»	060	61	»	305	110	»	550
13	»	065	62	»	310	111	»	555
14	»	070	63	»	315	112	»	560
15	»	075	64	»	320	113	»	565
16	»	080	65	»	325	114	»	570
17	»	085	66	»	330	115	»	575
18	»	090	67	»	335	116	»	580
19	»	095	68	»	340	117	»	585
20	»	100	69	»	345	118	»	590
21	»	105	70	»	350	119	»	595
22	»	110	71	»	355	120	»	600
23	»	115	72	»	360	121	»	605
24	»	120	73	»	365	122	»	610
25	»	125	74	»	370	123	»	615
26	»	130	75	»	375	124	»	620
27	»	135	76	»	380	125	»	625
28	»	140	77	»	385	126	»	630
29	»	145	78	»	390	127	»	635
30	»	150	79	»	395	128	»	640
31	»	155	80	»	400	129	»	645
32	»	160	81	»	405	130	»	650
33	»	165	82	»	410	131	»	655
34	»	170	83	»	415	132	»	660
35	»	175	84	»	420	133	»	665
36	»	180	85	»	425	134	»	670
37	»	185	86	»	430	135	»	675
38	»	190	87	»	435	136	»	680
39	»	195	88	»	440	137	»	685
40	»	200	89	»	445	138	»	690
41	»	205	90	»	450	139	»	695
42	»	210	91	»	455	140	»	700
43	»	215	92	»	460	141	»	705
44	»	220	93	»	465	142	»	710
45	»	225	94	»	470	143	»	715
46	»	230	95	»	475	144	»	720
47	»	235	96	»	480	145	»	725
48	»	240	97	»	485	146	»	730
49	»	245	98	»	490	147	»	735
50	»	250	89	»	495	148	»	740
51	»	255	100	»	500	149	»	745
52	»	260	101	»	505	150	»	750
53	»	265	102	»	510	151	»	755

6								
6	»	036	55	»	330	104	»	624
7	»	042	56	»	336	105	»	630
8	»	048	57	»	342	106	»	636
9	»	054	58	»	348	107	»	642
10	»	060	59	»	354	108	»	648
11	»	066	60	»	360	109	»	654
12	»	072	61	»	366	110	»	660
13	»	078	62	»	372	111	»	666
14	»	084	63	»	378	112	»	672
15	»	090	64	»	384	113	»	678
16	»	096	65	»	390	114	»	684
17	»	102	66	»	396	115	»	690
18	»	108	67	»	402	116	»	696
19	»	114	68	»	408	117	»	702
20	»	120	69	»	414	118	»	708
21	»	126	70	»	420	119	»	714
22	»	132	71	»	426	120	»	720
23	»	138	72	»	432	121	»	726
24	»	144	73	»	438	122	»	732
25	»	150	74	»	444	123	»	738
26	»	156	75	»	450	124	»	744
27	»	162	76	»	456	125	»	750
28	»	168	77	»	462	126	»	756
29	»	174	78	»	468	127	»	762
30	»	180	79	»	474	128	»	768
31	»	186	80	»	480	129	»	774
32	»	192	81	»	486	130	»	780
33	»	198	82	»	492	131	»	786
34	»	204	83	»	498	132	»	792
35	»	210	84	»	504	133	»	798
36	»	216	85	»	510	134	»	804
37	»	222	86	»	516	135	»	810
38	»	228	87	»	522	136	»	816
39	»	234	88	»	528	137	»	822
40	»	240	89	»	534	138	»	828
41	»	246	90	»	540	139	»	834
42	»	252	91	»	546	140	»	840
43	»	258	92	»	552	141	»	846
44	»	264	93	»	558	142	»	852
45	»	270	94	»	564	143	»	858
46	»	276	95	»	570	144	»	864
47	»	282	96	»	576	145	»	870
48	»	288	97	»	582	146	»	876
49	»	294	98	»	588	147	»	882
50	»	300	99	»	594	148	»	888
51	»	306	100	»	600	149	»	894
52	»	312	101	»	606	150	»	900
53	»	318	102	»	612	151	»	906
54	»	324	103	»	618	152	»	912

7								
7	»	049	56	»	392	105	»	735
8	»	056	57	»	399	106	»	742
9	»	063	58	»	406	107	»	749
10	»	070	59	»	413	108	»	756
11	»	077	60	»	420	109	»	763
12	»	084	61	»	427	110	»	770
13	»	091	62	»	434	111	»	777
14	»	098	63	»	441	112	»	784
15	»	105	64	»	448	113	»	791
16	»	112	65	»	455	114	»	798
17	»	119	66	»	462	115	»	805
18	»	126	67	»	469	116	»	812
19	»	133	68	»	476	117	»	819
20	»	140	69	»	483	118	»	826
21	»	147	70	»	490	119	»	833
22	»	154	71	»	497	120	»	840
23	»	161	72	»	504	121	»	847
24	»	168	73	»	511	122	»	854
25	»	175	74	»	518	123	»	861
26	»	182	75	»	525	124	»	868
27	»	189	76	»	532	125	»	875
28	»	196	77	»	539	126	»	882
29	»	203	78	»	546	127	»	889
30	»	210	79	»	553	128	»	896
31	»	217	80	»	560	129	»	903
32	»	224	81	»	567	130	»	910
33	»	231	82	»	574	131	»	917
34	»	238	83	»	581	132	»	924
35	»	245	84	»	588	133	»	931
36	»	252	85	»	595	134	»	938
37	»	259	86	»	602	135	»	945
38	»	266	87	»	609	136	»	952
39	»	273	88	»	616	137	»	959
40	»	280	89	»	623	138	»	966
41	»	287	90	»	630	139	»	973
42	»	294	91	»	637	140	»	980
43	»	301	92	»	644	141	»	987
44	»	308	93	»	651	142	»	994
45	»	315	94	»	658	143	1	001
46	»	322	95	»	665	144	1	008
47	»	329	96	»	672	145	1	015
48	»	336	97	»	679	146	1	022
49	»	343	98	»	686	147	1	029
50	»	350	99	»	693	148	1	036
51	»	357	100	»	700	149	1	043
52	»	364	101	»	707	150	1	050
53	»	371	102	»	714	151	1	057
54	»	378	103	»	721	152	1	064
55	»	385	104	»	728	153	1	071

8								
8	»	064	57	»	456	106	»	848
9	»	072	58	»	464	107	»	856
10	»	080	59	»	472	108	»	864
11	»	088	60	»	480	109	»	872
12	»	096	61	»	488	110	»	880
13	»	104	62	»	496	111	»	888
14	»	112	63	»	504	112	»	896
15	»	120	64	»	512	113	»	904
16	»	128	65	»	520	114	»	912
17	»	136	66	»	528	115	»	920
18	»	144	67	»	536	116	»	928
19	»	152	68	»	544	117	»	936
20	»	160	69	»	552	118	»	944
21	»	168	70	»	560	119	»	952
22	»	176	71	»	568	120	»	960
23	»	184	72	»	576	121	»	968
24	»	192	73	»	584	122	»	976
25	»	200	74	»	592	123	»	984
26	»	208	75	»	600	124	»	992
27	»	216	76	»	608	125	1	000
28	»	224	77	»	616	126	1	008
29	»	232	78	»	624	127	1	016
30	»	240	79	»	632	128	1	024
31	»	248	80	»	640	129	1	032
32	»	256	81	»	648	130	1	040
33	»	264	82	»	656	131	1	048
34	»	272	83	»	664	132	1	056
35	»	280	84	»	672	133	1	064
36	»	288	85	»	680	134	1	072
37	»	296	86	»	688	135	1	080
38	»	304	87	»	696	136	1	088
39	»	312	88	»	704	137	1	096
40	»	320	89	»	712	138	1	104
41	»	328	90	»	720	139	1	112
42	»	336	91	»	728	140	1	120
43	»	344	92	»	736	141	1	128
44	»	352	93	»	744	142	1	136
45	»	360	94	»	752	143	1	144
46	»	368	95	»	760	144	1	152
47	»	376	96	»	768	145	1	160
48	»	384	97	»	776	146	1	168
49	»	392	98	»	784	147	1	176
50	»	400	99	»	792	148	1	184
51	»	408	100	»	800	149	1	192
52	»	416	101	»	808	150	1	200
53	»	424	102	»	816	151	1	208
54	»	432	103	»	824	152	1	216
55	»	440	104	»	832	153	1	224
56	»	448	105	»	840	154	1	232

9							
9	»	081	58	»	522	107	»
10	»	090	59	»	531	108	»
11	»	099	60	»	540	109	»
12	»	108	61	»	549	110	»
13	»	117	62	»	558	111	»
14	»	126	63	»	567	112	1
15	»	135	64	»	576	113	1
16	»	144	65	»	585	114	1
17	»	153	66	»	594	115	1
18	»	162	67	»	603	116	1
19	»	171	68	»	612	117	1
20	»	180	69	»	621	118	1
21	»	189	70	»	630	119	1
22	»	198	71	»	639	120	1
23	»	207	72	»	648	121	1
24	»	216	73	»	657	122	1
25	»	225	74	»	666	123	1
26	»	234	75	»	675	124	1
27	»	243	76	»	684	125	1
28	»	252	77	»	693	126	1
29	»	261	78	»	702	127	1
30	»	270	79	»	711	128	1
31	»	279	80	»	720	129	1
32	»	288	81	»	729	130	1
33	»	297	82	»	738	131	1
34	»	306	83	»	747	132	1
35	»	315	84	»	756	133	1
36	»	324	85	»	765	134	1
37	»	333	86	»	774	135	1
38	»	342	87	»	783	136	1
39	»	351	88	»	792	137	1
40	»	360	89	»	801	138	1
41	»	369	90	»	810	139	1
42	»	378	91	»	819	140	1
43	»	387	92	»	828	141	1
44	»	396	93	»	837	142	1
45	»	405	94	»	846	143	1
46	»	414	95	»	855	144	1
47	»	423	96	»	864	145	1
48	»	432	97	»	873	146	1
49	»	441	98	»	882	147	1
50	»	450	99	»	891	148	1
51	»	459	100	»	900	149	1
52	»	468	101	»	909	150	1
53	»	477	102	»	918	151	1
54	»	486	103	»	927	152	1
55	»	495	104	»	936	153	1
56	»	504	105	»	945	154	1
57	»	513	106	»	954	155	1

10								
10	»	100	59	»	590	108	1	080
11	»	110	60	»	600	109	1	090
12	»	120	61	»	610	110	1	100
13	»	130	62	»	620	111	1	110
14	»	140	63	»	630	112	1	120
15	»	150	64	»	640	113	1	130
16	»	160	65	»	650	114	1	140
17	»	170	66	»	660	115	1	150
18	»	180	67	»	670	116	1	160
19	»	190	68	»	680	117	1	170
20	»	200	69	»	690	118	1	180
21	»	210	70	»	700	119	1	190
22	»	220	71	»	710	120	1	200
23	»	230	72	»	720	121	1	210
24	»	240	73	»	730	122	1	220
25	»	250	74	»	740	123	1	230
26	»	260	75	»	750	124	1	240
27	»	270	76	»	760	125	1	250
28	»	280	77	»	770	126	1	260
29	»	290	78	»	780	127	1	270
30	»	300	79	»	790	128	1	280
31	»	310	80	»	800	129	1	290
32	»	320	81	»	810	130	1	300
33	»	330	82	»	820	131	1	310
34	»	340	83	»	830	132	1	320
35	»	350	84	»	840	133	1	330
36	»	360	85	»	850	134	1	340
37	»	370	86	»	860	135	1	350
38	»	380	87	»	870	136	1	360
39	»	390	88	»	880	137	1	370
40	»	400	89	»	890	138	1	380
41	»	410	90	»	900	139	1	390
42	»	420	91	»	910	140	1	400
43	»	430	92	»	920	141	1	410
44	»	440	93	»	930	142	1	420
45	»	450	94	»	940	143	1	430
46	»	460	95	»	950	144	1	440
47	»	470	96	»	960	145	1	450
48	»	480	97	»	970	146	1	460
49	»	490	98	»	980	147	1	470
50	»	500	99	»	990	148	1	480
51	»	510	100	1	000	149	1	490
52	»	520	101	1	010	150	1	500
53	»	530	102	1	020	151	1	510
54	»	540	103	1	030	152	1	520
55	»	550	104	1	040	153	1	530
56	»	560	105	1	050	154	1	540
57	»	570	106	1	060	155	1	550
58	»	580	107	1	070	156	1	560

11								
11	»	121	60	»	660	109	1	199
12	»	132	61	»	671	110	1	210
13	»	143	62	»	682	111	1	221
14	»	154	63	»	693	112	1	232
15	»	165	64	»	704	113	1	243
16	»	176	65	»	715	114	1	254
17	»	187	66	»	726	115	1	265
18	»	198	67	»	737	116	1	276
19	»	209	68	»	748	117	1	287
20	»	220	69	»	759	118	1	298
21	»	231	70	»	770	119	1	309
22	»	242	71	»	781	120	1	320
23	»	253	72	»	792	121	1	331
24	»	264	73	»	803	122	1	342
25	»	275	74	»	814	123	1	353
26	»	286	75	»	825	124	1	364
27	»	297	76	»	836	125	1	375
28	»	308	77	»	847	126	1	386
29	»	319	78	»	858	127	1	397
30	»	330	79	»	869	128	1	408
31	»	341	80	»	880	129	1	419
32	»	352	81	»	891	130	1	430
33	»	363	82	»	902	131	1	441
34	»	374	83	»	913	132	1	452
35	»	385	84	»	924	133	1	463
36	»	396	85	»	935	134	1	474
37	»	407	86	»	946	135	1	485
38	»	418	87	»	957	136	1	496
39	»	429	88	»	968	137	1	507
40	»	440	89	»	979	138	1	518
41	»	451	90	»	990	139	1	529
42	»	462	91	1	001	140	1	540
43	»	473	92	1	012	141	1	551
44	»	484	93	1	023	142	1	562
45	»	495	94	1	034	143	1	573
46	»	506	95	1	045	144	1	584
47	»	517	96	1	056	145	1	595
48	»	528	97	1	067	146	1	606
49	»	539	98	1	078	147	1	617
50	»	550	99	1	089	148	1	628
51	»	561	100	1	100	149	1	639
52	»	572	101	1	111	150	1	650
53	»	583	102	1	122	151	1	661
54	»	594	103	1	133	152	1	672
55	»	605	104	1	144	153	1	683
56	»	616	105	1	155	154	1	694
57	»	627	106	1	166	155	1	705
58	»	638	107	1	177	156	1	716
59	»	649	108	1	188	157	1	727

12								
12	»	144	61	»	732	110	1	320
13	»	156	62	»	744	111	1	332
14	»	168	63	»	756	112	1	344
15	»	180	64	»	768	113	1	356
16	»	192	65	»	780	114	1	368
17	»	204	66	»	792	115	1	380
18	»	216	67	»	804	116	1	392
19	»	228	68	»	816	117	1	404
20	»	240	69	»	828	118	1	416
21	»	252	70	»	840	119	1	428
22	»	264	71	»	852	120	1	440
23	»	276	72	»	864	121	1	452
24	»	288	73	»	876	122	1	464
25	»	300	74	»	888	123	1	476
26	»	312	75	»	900	124	1	488
27	»	324	76	»	912	125	1	500
28	»	336	77	»	924	126	1	512
29	»	348	78	»	936	127	1	524
30	»	360	79	»	948	128	1	536
31	»	372	80	»	960	129	1	548
32	»	384	81	»	972	130	1	560
33	»	396	82	»	984	131	1	572
34	»	408	83	»	996	132	1	584
35	»	420	84	1	008	133	1	596
36	»	432	85	1	020	134	1	608
37	»	444	86	1	032	135	1	620
38	»	456	87	1	044	136	1	632
39	»	468	88	1	056	137	1	644
40	»	480	89	1	068	138	1	656
41	»	492	90	1	080	139	1	668
42	»	504	91	1	092	140	1	680
43	»	516	92	1	104	141	1	692
44	»	528	93	1	116	142	1	704
45	»	540	94	1	128	143	1	716
46	»	552	95	1	140	144	1	728
47	»	564	96	1	152	145	1	740
48	»	576	97	1	164	146	1	752
49	»	588	98	1	176	147	1	764
50	»	600	99	1	188	148	1	776
51	»	612	100	1	200	149	1	788
52	»	624	101	1	212	150	1	800
53	»	636	102	1	224	151	1	812
54	»	648	103	1	236	152	1	824
55	»	660	104	1	248	153	1	836
56	»	672	105	1	260	154	1	848
57	»	684	106	1	272	155	1	860
58	»	696	107	1	284	156	1	872
59	»	708	108	1	296	157	1	884
60	»	720	109	1	308	158	1	896

13									14									15						
13	»	169	62	»	806	111	1	443	14	»	196	63	»	882	112	1	568	15	»	225	64	»	960	11
14	»	182	63	»	819	112	1	456	15	»	210	64	»	896	113	1	582	16	»	240	65	»	975	11
15	»	195	64	»	832	113	1	469	16	»	224	65	»	910	114	1	596	17	»	255	66	»	990	11
16	»	208	65	»	845	114	1	482	17	»	238	66	»	924	115	1	610	18	»	270	67	1	005	11
17	»	221	66	»	858	115	1	495	18	»	252	67	»	938	116	1	624	19	»	285	68	1	020	11
18	»	234	67	»	871	116	1	508	19	»	266	68	»	952	117	1	638	20	»	300	69	1	035	11
19	»	247	68	»	884	117	1	521	20	»	280	69	»	966	118	1	652	21	»	315	70	1	050	11
20	»	260	69	»	897	118	1	534	21	»	294	70	»	980	119	1	666	22	»	330	71	1	065	12
21	»	273	70	»	910	119	1	547	22	»	308	71	»	994	120	1	680	23	»	345	72	1	080	12
22	»	286	71	»	923	120	1	560	23	»	322	72	1	008	121	1	694	24	»	360	73	1	095	12
23	»	299	72	»	936	121	1	573	24	»	336	73	1	022	122	1	708	25	»	375	74	1	110	12
24	»	312	73	»	949	122	1	586	25	»	350	74	1	036	123	1	722	26	»	390	75	1	125	12
25	»	325	74	»	962	123	1	599	26	»	364	75	1	050	124	1	736	27	»	405	76	1	140	12
26	»	338	75	»	975	124	1	612	27	»	378	76	1	064	125	1	750	28	»	420	77	1	155	12
27	»	351	76	»	988	125	1	625	28	»	392	77	1	078	126	1	764	29	»	435	78	1	170	12
28	»	364	77	1	001	126	1	638	29	»	406	78	1	092	127	1	778	30	»	450	79	1	185	12
29	»	377	78	1	014	127	1	651	30	»	420	79	1	106	128	1	792	31	»	465	80	1	200	12
30	»	390	79	1	027	128	1	664	31	»	434	80	1	120	129	1	806	32	»	480	81	1	215	13
31	»	403	80	1	040	129	1	677	32	»	448	81	1	134	130	1	820	33	»	495	82	1	230	13
32	»	416	81	1	053	130	1	690	33	»	462	82	1	148	131	1	834	34	»	510	83	1	245	13
33	»	429	82	1	066	131	1	703	34	»	476	83	1	162	132	1	848	35	»	525	84	1	260	13
34	»	442	83	1	079	132	1	716	35	»	490	84	1	176	133	1	862	36	»	540	85	1	275	13
35	»	455	84	1	092	133	1	729	36	»	504	85	1	190	134	1	876	37	»	555	86	1	290	13
36	»	468	85	1	105	134	1	742	37	»	518	86	1	204	135	1	890	38	»	570	87	1	305	13
37	»	481	86	1	118	135	1	755	38	»	532	87	1	218	136	1	904	39	»	585	88	1	320	13
38	»	494	87	1	131	136	1	768	39	»	546	88	1	232	137	1	918	40	»	600	89	1	335	13
39	»	507	88	1	144	137	1	781	40	»	560	89	1	246	138	1	932	41	»	615	90	1	350	13
40	»	520	89	1	157	138	1	794	41	»	574	90	1	260	139	1	946	42	»	630	91	1	365	14
41	»	533	90	1	170	139	1	807	42	»	588	91	1	274	140	1	960	43	»	645	92	1	380	14
42	»	546	91	1	183	140	1	820	43	»	602	92	1	288	141	1	974	44	»	660	93	1	395	14
43	»	559	92	1	196	141	1	833	44	»	616	93	1	302	142	1	988	45	»	675	94	1	410	14
44	»	572	93	1	209	142	1	846	45	»	630	94	1	316	143	2	002	46	»	690	95	1	425	14
45	»	585	94	1	222	143	1	859	46	»	644	95	1	330	144	2	016	47	»	705	96	1	440	14
46	»	598	95	1	235	144	1	872	47	»	658	96	1	344	145	2	030	48	»	720	97	1	455	14
47	»	611	96	1	248	145	1	885	48	»	672	97	1	358	146	2	044	49	»	735	98	1	470	14
48	»	624	97	1	261	146	1	898	49	»	686	98	1	372	147	2	058	50	»	750	99	1	485	14
49	»	637	98	1	274	147	1	911	50	»	700	99	1	386	148	2	072	51	»	765	100	1	500	14
50	»	650	99	1	287	148	1	924	51	»	714	100	1	400	149	2	086	52	»	780	101	1	515	15
51	»	663	100	1	300	149	1	937	52	»	728	101	1	414	150	2	100	53	»	795	102	1	530	15
52	»	676	101	1	313	150	1	950	53	»	742	102	1	428	151	2	114	54	»	810	103	1	545	15
53	»	689	102	1	326	151	1	963	54	»	756	103	1	442	152	2	128	55	»	825	104	1	560	15
54	»	702	103	1	339	152	1	976	55	»	770	104	1	456	153	2	142	56	»	840	105	1	575	15
55	»	715	104	1	352	153	1	989	56	»	784	105	1	470	154	2	156	57	»	855	106	1	590	15
56	»	728	105	1	365	154	2	002	57	»	798	106	1	484	155	2	170	58	»	870	107	1	605	15
57	»	741	106	1	378	155	2	015	58	»	812	107	1	498	156	2	184	59	»	885	108	1	620	15
58	»	754	107	1	391	156	2	028	59	»	826	108	1	512	157	2	198	60	»	900	109	1	635	15
59	»	767	108	1	404	157	2	041	60	»	840	109	1	526	158	2	212	61	»	915	110	1	650	15
60	»	780	109	1	417	158	2	054	61	»	854	110	1	540	159	2	226	62	»	930	111	1	665	16
61	»	793	110	1	430	159	2	067	62	»	868	111	1	554	160	2	240	63	»	945	112	1	680	16

16						17						18					
16	» 256	65	1 040	114	1 824	17	» 289	66	1 122	115	1 955	18	» 324	67	1 206	116	2 088
17	» 272	66	1 056	115	1 840	18	» 306	67	1 139	116	1 972	19	» 342	68	1 224	117	2 106
18	» 288	67	1 072	116	1 856	19	» 323	68	1 156	117	1 989	20	» 360	69	1 242	118	2 124
19	» 304	68	1 088	117	1 872	20	» 340	69	1 173	118	2 006	21	» 378	70	1 260	119	2 142
20	» 320	69	1 104	118	1 888	21	» 357	70	1 190	119	2 023	22	» 396	71	1 278	120	2 160
21	» 336	70	1 120	119	1 904	22	» 374	71	1 207	120	2 040	23	» 414	72	1 296	121	2 178
22	» 352	71	1 136	120	1 920	23	» 391	72	1 224	121	2 057	24	» 432	73	1 314	122	2 196
23	» 368	72	1 152	121	1 936	24	» 408	73	1 241	122	2 074	25	» 450	74	1 332	123	2 214
24	» 384	73	1 168	122	1 952	25	» 425	74	1 258	123	2 091	26	» 468	75	1 350	124	2 232
25	» 400	74	1 184	123	1 968	26	» 442	75	1 275	124	2 108	27	» 486	76	1 368	125	2 250
26	» 416	75	1 200	124	1 984	27	» 459	76	1 292	125	2 125	28	» 504	77	1 386	126	2 268
27	» 432	76	1 216	125	2 000	28	» 476	77	1 309	126	2 142	29	» 522	78	1 404	127	2 286
28	» 448	77	1 232	126	2 016	29	» 493	78	1 326	127	2 159	30	» 540	79	1 422	128	2 304
29	» 464	78	1 248	127	2 032	30	» 510	79	1 343	128	2 176	31	» 558	80	1 440	129	2 322
30	» 480	79	1 264	128	2 048	31	» 527	80	1 360	129	2 193	32	» 576	81	1 458	130	2 340
31	» 496	80	1 280	129	2 064	32	» 544	81	1 377	130	2 210	33	» 594	82	1 476	131	2 358
32	» 512	81	1 296	130	2 080	33	» 561	82	1 394	131	2 227	34	» 612	83	1 494	132	2 376
33	» 528	82	1 312	131	2 096	34	» 578	83	1 411	132	2 244	35	» 630	84	1 512	133	2 394
34	» 544	83	1 328	132	2 112	35	» 595	84	1 428	133	2 261	36	» 648	85	1 530	134	2 412
35	» 560	84	1 344	133	2 128	36	» 612	85	1 445	134	2 278	37	» 666	86	1 548	135	2 430
36	» 576	85	1 360	134	2 144	37	» 629	86	1 462	135	2 295	38	» 684	87	1 566	136	2 448
37	» 592	86	1 376	135	2 160	38	» 646	87	1 479	136	2 312	39	» 702	88	1 584	137	2 466
38	» 608	87	1 392	136	2 176	39	» 663	88	1 496	137	2 329	40	» 720	89	1 602	138	2 484
39	» 624	88	1 408	137	2 192	40	» 680	89	1 513	138	2 346	41	» 738	90	1 620	139	2 502
40	» 640	89	1 424	138	2 208	41	» 697	90	1 530	139	2 363	42	» 756	91	1 638	140	2 520
41	» 656	90	1 440	139	2 224	42	» 714	91	1 547	140	2 380	43	» 774	92	1 656	141	2 538
42	» 672	91	1 456	140	2 240	43	» 731	92	1 564	141	2 397	44	» 792	93	1 674	142	2 556
43	» 688	92	1 472	141	2 256	44	» 748	93	1 581	142	2 414	45	» 810	94	1 692	143	2 574
44	» 704	93	1 488	142	2 272	45	» 765	94	1 598	143	2 431	46	» 828	95	1 710	144	2 592
45	» 720	94	1 504	143	2 288	46	» 782	95	1 615	144	2 448	47	» 846	96	1 728	145	2 610
46	» 736	95	1 520	144	2 304	47	» 799	96	1 632	145	2 465	48	» 864	97	1 746	146	2 628
47	» 752	96	1 536	145	2 320	48	» 816	97	1 649	146	2 482	49	» 882	98	1 764	147	2 646
48	» 768	97	1 552	146	2 336	49	» 833	98	1 666	147	2 499	50	» 900	99	1 782	148	2 664
49	» 784	98	1 568	147	2 352	50	» 850	99	1 683	148	2 516	51	» 918	100	1 800	149	2 682
50	» 800	99	1 584	148	2 368	51	» 867	100	1 700	149	2 533	52	» 936	101	1 818	150	2 700
51	» 816	100	1 600	149	2 384	52	» 884	101	1 717	150	2 550	53	» 954	102	1 836	151	2 718
52	» 832	101	1 616	150	2 400	53	» 901	102	1 734	151	2 567	54	» 972	103	1 854	152	2 736
53	» 848	102	1 632	151	2 416	54	» 918	103	1 751	152	2 584	55	» 990	104	1 872	153	2 754
54	» 864	103	1 648	152	2 432	55	» 935	104	1 768	153	2 601	56	1 008	105	1 890	154	2 772
55	» 880	104	1 664	153	2 448	56	» 952	105	1 785	154	2 618	57	1 026	106	1 908	155	2 790
56	» 896	105	1 680	154	2 464	57	» 969	106	1 802	155	2 635	58	1 044	107	1 926	156	2 808
57	» 912	106	1 696	155	2 480	58	» 986	107	1 819	156	2 652	59	1 062	108	1 944	157	2 826
58	» 928	107	1 712	156	2 496	59	1 003	108	1 836	157	2 669	60	1 080	109	1 962	158	2 844
59	» 944	108	1 728	157	2 512	60	1 020	109	1 853	158	2 686	61	1 098	110	1 980	159	2 862
60	» 960	109	1 744	158	2 528	61	1 037	110	1 870	159	2 703	62	1 116	111	1 998	160	2 880
61	» 976	110	1 760	159	2 544	62	1 054	111	1 887	160	2 720	63	1 134	112	2 016	161	2 898
62	» 992	111	1 776	160	2 560	63	1 071	112	1 904	161	2 737	64	1 152	113	2 034	162	2 916
63	1 008	112	1 792	161	2 576	64	1 088	113	1 921	162	2 754	65	1 170	114	2 052	163	2 934
64	1 024	113	1 808	162	2 592	65	1 105	114	1 938	163	2 771	66	1 188	115	2 070	164	2 952

19								
19	»	361	68	1	292	117	2	223
20	»	380	69	1	311	118	2	242
21	»	399	70	1	330	119	2	261
22	»	418	71	1	349	120	2	280
23	»	437	72	1	368	121	2	299
24	»	456	73	1	387	122	2	318
25	»	475	74	1	406	123	2	337
26	»	494	75	1	425	124	2	356
27	»	513	76	1	444	125	2	375
28	»	532	77	1	463	126	2	394
29	»	551	78	1	482	127	2	413
30	»	570	79	1	501	128	2	432
31	»	589	80	1	520	129	2	451
32	»	608	81	1	539	130	2	470
33	»	627	82	1	558	131	2	489
34	»	646	83	1	577	132	2	508
35	»	665	84	1	596	133	2	527
36	»	684	85	1	615	134	2	546
37	»	703	86	1	634	135	2	565
38	»	722	87	1	653	136	2	584
39	»	741	88	1	672	137	2	603
40	»	760	89	1	691	138	2	622
41	»	779	90	1	710	139	2	641
42	»	798	91	1	729	140	2	660
43	»	817	92	1	748	141	2	679
44	»	836	93	1	767	142	2	698
45	»	855	94	1	786	143	2	717
46	»	874	95	1	805	144	2	736
47	»	893	96	1	824	145	2	755
48	»	912	97	1	843	146	2	774
49	»	931	98	1	862	147	2	793
50	»	950	99	1	881	148	2	812
51	»	969	100	1	900	149	2	831
52	»	988	101	1	919	150	2	850
53	1	007	102	1	938	151	2	869
54	1	026	103	1	957	152	2	888
55	1	045	104	1	976	153	2	907
56	1	064	105	1	995	154	2	926
57	1	083	106	2	014	155	2	945
58	1	102	107	2	033	156	2	964
59	1	121	108	2	052	157	2	983
60	1	140	109	2	071	158	3	002
61	1	159	110	2	090	159	3	021
62	1	178	111	2	109	160	3	040
63	1	197	112	2	128	161	3	059
64	1	216	113	2	147	162	3	078
65	1	235	114	2	166	163	3	097
66	1	254	115	2	185	164	3	116
67	1	273	116	2	204	165	3	135

20								
20	»	400	69	1	380	118	2	360
21	»	420	70	1	400	119	2	380
22	»	440	71	1	420	120	2	400
23	»	460	72	1	440	121	2	420
24	»	480	73	1	460	122	2	440
25	»	500	74	1	480	123	2	460
26	»	520	75	1	500	124	2	480
27	»	540	76	1	520	125	2	500
28	»	560	77	1	540	126	2	520
29	»	580	78	1	560	127	2	540
30	»	600	79	1	580	128	2	560
31	»	620	80	1	600	129	2	580
32	»	640	81	1	620	130	2	600
33	»	660	82	1	640	131	2	620
34	»	680	83	1	660	132	2	640
35	»	700	84	1	680	133	2	660
36	»	720	85	1	700	134	2	680
37	»	740	86	1	720	135	2	700
38	»	760	87	1	740	136	2	720
39	»	780	88	1	760	137	2	740
40	»	800	89	1	780	138	2	760
41	»	820	90	1	800	139	2	780
42	»	840	91	1	820	140	2	800
43	»	860	92	1	840	141	2	820
44	»	880	93	1	860	142	2	840
45	»	900	94	1	880	143	2	860
46	»	920	95	1	900	144	2	880
47	»	940	96	1	920	145	2	900
48	»	960	97	1	940	146	2	920
49	»	980	98	1	960	147	2	940
50	1	000	99	1	980	148	2	960
51	1	020	100	2	000	149	2	980
52	1	040	101	2	020	150	3	000
53	1	060	102	2	040	151	3	020
54	1	080	103	2	060	152	3	040
55	1	100	104	2	080	153	3	060
56	1	120	105	2	100	154	3	080
57	1	140	106	2	120	155	3	100
58	1	160	107	2	140	156	3	120
59	1	180	108	2	160	157	3	140
60	1	200	109	2	180	158	3	160
61	1	220	110	2	200	159	3	180
62	1	240	111	2	220	160	3	200
63	1	260	112	2	240	161	3	220
64	1	280	113	2	260	162	3	240
65	1	300	114	2	280	163	3	260
66	1	320	115	2	300	164	3	280
67	1	340	116	2	320	165	3	300
68	1	360	117	2	340	166	3	320

21						
21	»	441	70	1	470	119
22	»	462	71	1	491	120
23	»	483	72	1	512	121
24	»	504	73	1	533	122
25	»	525	74	1	554	123
26	»	546	75	1	575	124
27	»	567	76	1	596	125
28	»	588	77	1	617	126
29	»	609	78	1	638	127
30	»	630	79	1	659	128
31	»	651	80	1	680	129
32	»	672	81	1	701	130
33	»	693	82	1	722	131
34	»	714	83	1	743	132
35	»	735	84	1	764	133
36	»	756	85	1	785	134
37	»	777	86	1	806	135
38	»	798	87	1	827	136
39	»	819	88	1	848	137
40	»	840	89	1	869	138
41	»	861	90	1	890	139
42	»	882	91	1	911	140
43	»	903	92	1	932	141
44	»	924	93	1	953	142
45	»	945	94	1	974	143
46	»	966	95	1	995	144
47	»	987	96	2	016	145
48	1	008	97	2	037	146
49	1	029	98	2	058	147
50	1	050	99	2	079	148
51	1	071	100	2	100	149
52	1	092	101	2	121	150
53	1	113	102	2	142	151
54	1	134	103	2	163	152
55	1	155	104	2	184	153
56	1	176	105	2	205	154
57	1	197	106	2	226	155
58	1	218	107	2	247	156
59	1	239	108	2	268	157
60	1	260	109	2	289	158
61	1	281	110	2	310	159
62	1	302	111	2	331	160
63	1	323	112	2	352	161
64	1	344	113	2	373	162
65	1	365	114	2	394	163
66	1	386	115	2	415	164
67	1	407	116	2	436	165
68	1	428	117	2	457	166
69	1	449	118	2	478	167

22								
22	»	484	71	1	562	120	2	640
23	»	506	72	1	584	121	2	662
24	»	528	73	1	606	122	2	684
25	»	550	74	1	628	123	2	706
26	»	572	75	1	650	124	2	728
27	»	594	76	1	672	125	2	750
28	»	616	77	1	694	126	2	772
29	»	638	78	1	716	127	2	794
30	»	660	79	1	738	128	2	816
31	»	682	80	1	760	129	2	838
32	»	704	81	1	782	130	2	860
33	»	726	82	1	804	131	2	882
34	»	748	83	1	826	132	2	904
35	»	770	84	1	848	133	2	926
36	»	792	85	1	870	134	2	948
37	»	814	86	1	892	135	2	970
38	»	836	87	1	914	136	2	002
39	»	858	88	1	936	137	3	014
40	»	880	89	1	958	138	3	036
41	»	902	90	1	980	139	3	058
42	»	924	91	2	002	140	3	080
43	»	946	92	2	024	141	3	102
44	»	968	93	2	046	142	3	124
45	»	990	94	2	068	143	3	146
46	1	012	95	2	090	144	3	168
47	1	034	96	2	112	145	3	190
48	1	056	97	2	134	146	3	212
49	1	078	98	2	156	147	3	234
50	1	100	99	2	178	148	3	256
51	1	122	100	2	200	149	3	278
52	1	144	101	2	222	150	3	300
53	1	166	102	2	244	151	3	322
54	1	188	103	2	266	152	3	344
55	1	210	104	2	288	153	3	366
56	1	232	105	2	310	154	3	388
57	1	254	106	2	332	155	3	410
58	1	276	107	2	354	156	3	432
59	1	298	108	2	376	157	3	454
60	1	320	109	2	398	158	3	476
61	1	342	110	2	420	159	3	498
62	1	364	111	2	442	160	3	520
63	1	386	112	2	464	161	3	542
64	1	408	113	2	486	162	3	564
65	1	430	114	2	508	163	3	586
66	1	452	115	2	530	164	3	608
67	1	474	116	2	552	165	3	630
68	1	496	117	2	574	166	3	652
69	1	518	118	2	596	167	3	674
70	1	540	119	2	618	168	3	696

23								
23	»	529	72	1	656	121	2	783
24	»	552	73	1	679	122	2	806
25	»	575	74	1	702	123	2	829
26	»	598	75	1	725	124	2	852
27	»	621	76	1	748	125	2	875
28	»	644	77	1	771	126	2	898
29	»	667	78	1	794	127	2	921
30	»	690	79	1	817	128	2	944
31	»	713	80	1	840	129	2	967
32	»	736	81	1	863	130	2	990
33	»	759	82	1	886	131	3	013
34	»	782	83	1	909	132	3	036
35	»	805	84	1	932	133	3	059
36	»	828	85	1	955	134	3	082
37	»	851	86	1	978	135	3	105
38	»	874	87	2	001	136	3	128
39	»	897	88	2	024	137	3	151
40	»	920	89	2	047	138	3	174
41	»	943	90	2	070	139	3	197
42	»	966	91	2	093	140	3	220
43	»	989	92	2	116	141	3	243
44	1	012	93	2	139	142	3	266
45	1	035	94	2	162	143	3	289
46	1	058	95	2	185	144	3	312
47	1	081	96	2	208	145	3	335
48	1	104	97	2	231	146	3	358
49	1	127	98	2	254	147	3	381
50	1	150	99	2	277	148	3	404
51	1	173	100	2	300	149	3	427
52	1	196	101	2	323	150	3	450
53	1	219	102	2	346	151	3	473
54	1	242	103	2	369	152	3	496
55	1	265	104	2	392	153	3	519
56	1	288	105	2	415	154	3	542
57	1	311	106	2	438	155	3	565
58	1	334	107	2	461	156	3	588
59	1	357	108	2	484	157	3	611
60	1	380	109	2	507	158	3	634
61	1	403	110	2	530	159	3	657
62	1	426	111	2	553	160	3	680
63	1	449	112	2	576	161	3	703
64	1	472	113	2	599	162	3	726
65	1	495	114	2	622	163	3	749
66	1	518	115	2	645	164	3	772
67	1	541	116	2	668	165	3	795
68	1	564	117	2	691	166	3	818
69	1	587	118	2	714	167	3	841
70	1	610	119	2	737	168	3	864
71	1	633	120	2	760	169	3	887

24								
24	»	576	73	1	752	122	2	928
25	»	600	74	1	776	123	2	952
26	»	624	75	1	800	124	2	976
27	»	648	76	1	824	125	3	000
28	»	672	77	1	848	126	3	024
29	»	696	78	1	872	127	3	048
30	»	720	79	1	896	128	3	072
31	»	744	80	1	920	129	3	096
32	»	768	81	1	944	130	3	120
33	»	792	82	1	968	131	3	144
34	»	816	83	1	992	132	3	168
35	»	840	84	2	016	133	3	192
36	»	864	85	2	040	134	3	216
37	»	888	86	2	064	135	3	240
38	»	912	87	2	088	136	3	264
39	»	936	88	2	112	137	3	288
40	»	960	89	2	136	138	3	312
41	»	984	90	2	160	139	3	336
42	1	008	91	2	184	140	3	360
43	1	032	92	2	208	141	3	384
44	1	056	93	2	232	142	3	408
45	1	080	94	2	256	143	3	432
46	1	104	95	2	280	144	3	456
47	1	128	96	2	304	145	3	480
48	1	152	97	2	328	146	3	504
49	1	176	98	2	352	147	3	528
50	1	200	99	2	376	148	3	552
51	1	224	100	2	400	149	3	576
52	1	248	101	2	424	150	3	600
53	1	272	102	2	448	151	3	624
54	1	296	103	2	472	152	3	648
55	1	320	104	2	496	153	3	672
56	1	344	105	2	520	154	3	696
57	1	368	106	2	544	155	3	720
58	1	392	107	2	568	156	3	744
59	1	416	108	2	592	157	3	768
60	1	440	109	2	616	158	3	792
61	1	464	110	2	640	159	3	816
62	1	488	111	2	664	160	3	840
63	1	512	112	2	688	161	3	864
64	1	536	113	2	712	162	3	888
65	1	560	114	2	736	163	3	912
66	1	584	115	2	760	164	3	936
67	1	608	116	2	784	165	3	960
68	1	632	117	2	808	166	3	984
69	1	656	118	2	832	167	4	008
70	1	680	119	2	856	168	4	032
71	1	704	120	2	880	169	4	056
72	1	728	121	2	904	170	4	080

25						26						27				
25	» 625	74	1 850	123	3 075	26	» 676	75	1 950	124	3 224	27	» 729	76	2 052	12
26	» 650	75	1 875	124	3 100	27	» 702	76	1 976	125	3 250	28	» 756	77	2 079	12
27	» 675	76	1 900	125	3 125	28	» 728	77	2 002	126	3 276	29	» 783	78	2 106	12
28	» 700	77	1 925	126	3 150	29	» 754	78	2 028	127	3 302	30	» 810	79	2 133	12
29	» 725	78	1 950	127	3 175	30	» 780	79	2 054	128	3 328	31	» 837	80	2 160	12
30	» 750	79	1 975	128	3 200	31	» 806	80	2 080	129	3 354	32	» 864	81	2 187	13
31	» 775	80	2 000	129	3 225	32	» 832	81	2 106	130	3 380	33	» 891	82	2 214	13
32	» 800	81	2 025	130	3 250	33	» 858	82	2 132	131	3 406	34	» 918	83	2 241	13
33	» 825	82	2 050	131	3 275	34	» 884	83	2 158	132	3 432	35	» 945	84	2 268	13
34	» 850	83	2 075	132	3 300	35	» 910	84	2 184	133	3 458	36	» 972	85	2 295	13
35	» 875	84	2 100	133	3 325	36	» 936	85	2 210	134	3 484	37	» 999	86	2 322	13
36	» 900	85	2 125	134	3 350	37	» 962	86	2 236	135	3 510	38	1 026	87	2 349	13
37	» 925	86	2 150	135	3 375	38	» 988	87	2 262	136	3 536	39	1 053	88	2 376	13
38	» 950	87	2 175	136	3 400	39	1 014	88	2 288	137	3 562	40	1 080	89	2 403	13
39	» 975	88	2 200	137	3 425	40	1 040	89	2 314	138	3 588	41	1 107	90	2 430	13
40	1 000	89	2 225	138	3 450	41	1 066	90	2 340	139	3 614	42	1 134	91	2 457	14
41	1 025	90	2 250	139	3 475	42	1 092	91	2 366	140	3 640	43	1 161	92	2 484	14
42	1 050	91	2 275	140	3 500	43	1 118	92	2 392	141	3 666	44	1 188	93	2 511	14
43	1 075	92	2 300	141	3 525	44	1 144	93	2 418	142	3 692	45	1 215	94	2 538	14
44	1 100	93	2 325	142	3 550	45	1 170	94	2 444	143	3 718	46	1 242	95	2 565	14
45	1 125	94	2 350	143	3 575	46	1 196	95	2 470	144	3 744	47	1 269	96	2 592	14
46	1 150	95	2 375	144	3 600	47	1 222	96	2 496	145	3 770	48	1 296	97	2 619	14
47	1 175	96	2 400	145	3 625	48	1 248	97	2 522	146	3 796	49	1 323	98	2 646	14
48	1 200	97	2 425	146	3 650	49	1 274	98	2 548	147	3 822	50	1 350	99	2 673	14
49	1 225	98	2 450	147	3 675	50	1 300	99	2 574	148	3 848	51	1 377	100	2 700	14
50	1 250	99	2 475	148	3 700	51	1 326	100	2 600	149	3 874	52	1 404	101	2 727	15
51	1 275	100	2 500	149	3 725	52	1 352	101	2 626	150	3 900	53	1 431	102	2 754	15
52	1 300	101	2 525	150	3 750	53	1 378	102	2 652	151	3 926	54	1 458	103	2 781	15
53	1 325	102	2 550	151	3 775	54	1 404	103	2 678	152	3 952	55	1 485	104	2 808	15
54	1 350	103	2 575	152	3 800	55	1 430	104	2 704	153	3 978	56	1 512	105	2 835	15
55	1 375	104	2 600	153	3 825	56	1 456	105	2 730	154	4 004	57	1 539	106	2 862	15
56	1 400	105	2 625	154	3 850	57	1 482	106	2 756	155	4 030	58	1 566	107	2 889	15
57	1 425	106	2 650	155	3 875	58	1 508	107	2 782	156	4 056	59	1 593	108	2 916	15
58	1 450	107	2 675	156	3 900	59	1 534	108	2 808	157	4 082	60	1 620	109	2 943	15
59	1 475	108	2 700	157	3 925	60	1 560	109	2 834	158	4 108	61	1 647	110	2 970	15
60	1 500	109	2 725	158	3 950	61	1 586	110	2 860	159	4 134	62	1 674	111	2 997	16
61	1 525	110	2 750	159	3 975	62	1 612	111	2 886	160	4 160	63	1 701	112	3 024	16
62	1 550	111	2 775	160	4 000	63	1 638	112	2 912	161	4 186	64	1 728	113	3 051	16
63	1 575	112	2 800	161	4 025	64	1 664	113	2 938	162	4 212	65	1 755	114	3 078	16
64	1 600	113	2 825	162	4 050	65	1 690	114	2 964	163	4 238	66	1 782	115	3 105	16
65	1 625	114	2 850	163	4 075	66	1 716	115	2 990	164	4 264	67	1 809	116	3 132	16
66	1 650	115	2 875	164	4 100	67	1 742	116	3 016	165	4 290	68	1 836	117	3 159	16
67	1 675	116	2 900	165	4 125	68	1 768	117	3 042	166	4 316	69	1 863	118	3 186	16
68	1 700	117	2 925	166	4 150	69	1 794	118	3 068	167	4 342	70	1 890	119	3 213	16
69	1 725	118	2 950	167	4 175	70	1 820	119	3 094	168	4 368	71	1 917	120	3 240	16
70	1 750	119	2 975	168	4 200	71	1 846	120	3 120	169	4 394	72	1 944	121	3 267	170
71	1 775	120	3 000	169	4 225	72	1 872	121	3 146	170	4 420	73	1 971	122	3 294	17
72	1 800	121	3 025	170	4 250	73	1 898	122	3 172	171	4 446	74	1 998	123	3 321	172
73	1 825	122	3 050	171	4 275	74	1 924	123	3 198	172	4 472	75	2 025	124	3 348	173

28									29									30								
28	»	784	77	2	156	126	3	528	29	»	841	78	2	262	127	3	683	30	»	900	79	2	370	128	3	840
29	»	812	78	2	184	127	3	556	30	»	870	79	2	291	128	3	712	31	»	930	80	2	400	129	3	870
30	»	840	79	2	212	128	3	584	31	»	899	80	2	320	129	3	741	32	»	960	81	2	430	130	3	900
31	»	868	80	2	240	129	3	612	32	»	928	81	2	349	130	3	770	33	»	990	82	2	460	131	3	930
32	»	896	81	2	268	130	3	640	33	»	957	82	2	378	131	3	799	34	1	020	83	2	490	132	3	960
33	»	924	82	2	296	131	3	668	34	»	986	83	2	407	132	3	828	35	1	050	84	2	520	133	3	990
34	»	952	83	2	324	132	3	696	35	1	015	84	2	436	133	3	857	36	1	080	85	2	550	134	4	020
35	»	980	84	2	352	133	3	724	36	1	044	85	2	465	134	3	886	37	1	110	86	2	580	135	4	050
36	1	008	85	2	380	134	3	752	37	1	073	86	2	494	135	3	915	38	1	140	87	2	610	136	4	080
37	1	036	86	2	408	135	3	780	38	1	102	87	2	523	136	3	944	39	1	170	88	2	640	137	4	110
38	1	064	87	2	436	136	3	808	39	1	131	88	2	552	137	3	973	40	1	200	89	2	670	138	4	140
39	1	092	88	2	464	137	3	836	40	1	160	89	2	581	138	4	002	41	1	230	90	2	700	139	4	170
40	1	120	89	2	492	138	3	864	41	1	189	90	2	610	139	4	031	42	1	260	91	2	730	140	4	200
41	1	148	90	2	520	139	3	892	42	1	218	91	2	639	140	4	060	43	1	290	92	2	760	141	4	230
42	1	176	91	2	548	140	3	920	43	1	247	92	2	668	141	4	089	44	1	320	93	2	790	142	4	260
43	1	204	92	2	576	141	3	948	44	1	276	93	2	697	142	4	118	45	1	350	94	2	820	143	4	290
44	1	232	93	2	604	142	3	976	45	1	305	94	2	726	143	4	147	46	1	380	95	2	850	144	4	320
45	1	260	94	2	632	143	4	004	46	1	334	95	2	755	144	4	176	47	1	410	96	2	880	145	4	350
46	1	288	95	2	660	144	4	032	47	1	363	96	2	784	145	4	205	48	1	440	97	2	910	146	4	380
47	1	316	96	2	688	145	4	060	48	1	392	97	2	813	146	4	234	49	1	470	98	2	940	147	4	410
48	1	344	97	2	716	146	4	088	49	1	421	98	2	842	147	4	263	50	1	500	99	2	970	148	4	440
49	1	372	98	2	744	147	4	116	50	1	450	99	2	871	148	4	292	51	1	530	100	3	000	149	4	470
50	1	400	99	2	772	148	4	144	51	1	479	100	2	900	149	4	321	52	1	560	101	3	030	150	4	500
51	1	428	100	2	800	149	4	172	52	1	508	101	2	929	150	4	350	53	1	590	102	3	060	151	4	530
52	1	456	101	2	828	150	4	200	53	1	537	102	2	958	151	4	379	54	1	620	103	3	090	152	4	560
53	1	484	102	2	856	151	4	228	54	1	566	103	2	987	152	4	408	55	1	650	104	3	120	153	4	590
54	1	512	103	2	884	152	4	256	55	1	595	104	3	016	153	4	437	56	1	680	105	3	150	154	4	620
55	1	540	104	2	912	153	4	284	56	1	624	105	3	045	154	4	466	57	1	710	106	3	180	155	4	650
56	1	568	105	2	940	154	4	312	57	1	653	106	3	074	155	4	495	58	1	740	107	3	210	156	4	680
57	1	596	106	2	968	155	4	340	58	1	682	107	3	103	156	4	524	59	1	770	108	3	240	157	4	710
58	1	624	107	2	996	156	4	368	59	1	711	108	3	132	157	4	553	60	1	800	109	3	270	158	4	740
59	1	652	108	3	024	157	4	396	60	1	740	109	3	161	158	4	582	61	1	830	110	3	300	159	4	770
60	1	680	109	3	052	158	4	424	61	1	769	110	3	190	159	4	611	62	1	860	111	3	330	160	4	800
61	1	708	110	3	080	159	4	452	62	1	798	111	3	219	160	4	640	63	1	890	112	3	360	161	4	830
62	1	736	111	3	108	160	4	480	63	1	827	112	3	248	161	4	669	64	1	920	113	3	390	162	4	860
63	1	764	112	3	136	161	4	508	64	1	856	113	3	277	162	4	698	65	1	950	114	3	420	163	4	890
64	1	792	113	3	164	162	4	536	65	1	885	114	3	306	163	4	727	66	1	980	115	3	450	164	4	920
65	1	820	114	3	192	163	4	564	66	1	914	115	3	335	164	4	756	67	2	010	116	3	480	165	4	950
66	1	848	115	3	220	164	4	592	67	1	943	116	3	364	165	4	785	68	2	040	117	3	510	166	4	980
67	1	876	116	3	248	165	4	620	68	1	972	117	3	393	166	4	814	69	2	070	118	3	540	167	5	010
68	1	904	117	3	276	166	4	648	69	2	001	118	3	422	167	4	843	70	2	100	119	3	570	168	5	040
69	1	932	118	3	304	167	4	676	70	2	030	119	3	451	168	4	872	71	2	130	120	3	600	169	5	070
70	1	960	119	3	332	168	4	704	71	2	059	120	3	480	169	4	901	72	2	160	121	3	630	170	5	100
71	1	988	120	3	360	169	4	732	72	2	088	121	3	509	170	4	930	73	2	190	122	3	660	171	5	130
72	2	016	121	3	388	170	4	760	73	2	117	122	3	538	171	4	959	74	2	220	123	3	690	172	5	160
73	2	044	122	3	416	171	4	788	74	2	146	123	3	567	172	4	988	75	2	250	124	3	720	173	5	190
74	2	072	123	3	444	172	4	816	75	2	175	124	3	596	173	5	017	76	2	280	125	3	750	174	5	220
75	2	100	124	3	472	173	4	844	76	2	204	125	3	625	174	5	046	77	2	310	126	3	780	175	5	250
76	2	128	125	3	500	174	4	872	77	2	233	126	3	654	175	5	075	78	2	340	127	3	810	176	5	280

31								
31	»	961	80	2	480	129	3	999
32	»	992	81	2	511	130	4	030
33	1	023	82	2	542	131	4	061
34	1	054	83	2	573	132	4	092
35	1	085	84	2	604	133	4	123
36	1	116	85	2	635	134	4	154
37	1	147	86	2	666	135	4	185
38	1	178	87	2	697	136	4	216
39	1	209	88	2	728	137	4	247
40	1	240	89	2	759	138	4	278
41	1	271	90	2	790	139	4	309
42	1	302	91	2	821	140	4	340
43	1	333	92	2	852	141	4	371
44	1	364	93	2	883	142	4	402
45	1	395	94	2	914	143	4	433
46	1	426	95	2	945	144	4	464
47	1	457	96	2	976	145	4	495
48	1	488	97	3	007	146	4	526
49	1	519	98	3	038	147	4	557
50	1	550	99	3	069	148	4	588
51	1	581	100	3	100	149	4	619
52	1	612	101	3	131	150	4	650
53	1	643	102	3	162	151	4	681
54	1	674	103	3	193	152	4	712
55	1	705	104	3	224	153	4	743
56	1	736	105	3	255	154	4	774
57	1	767	106	3	286	155	4	805
58	1	798	107	3	317	156	4	836
59	1	829	108	3	348	157	4	867
60	1	860	109	3	379	158	4	898
61	1	891	110	3	410	159	4	929
62	1	922	111	3	441	160	4	960
63	1	953	112	3	472	161	4	991
64	1	984	113	3	503	162	5	022
65	2	015	114	3	534	163	5	053
66	2	046	115	3	565	164	5	084
67	2	077	116	3	596	165	5	115
68	2	108	117	3	627	166	5	146
69	2	139	118	3	658	167	5	177
70	2	170	119	3	689	168	5	208
71	2	201	120	3	720	169	5	239
72	2	232	121	3	751	170	5	270
73	2	263	122	3	782	171	5	301
74	2	294	123	3	813	172	5	332
75	2	325	124	3	844	173	5	363
76	2	356	125	3	875	174	5	394
77	2	387	126	3	906	175	5	425
78	2	418	127	3	937	176	5	456
79	2	449	128	3	968	177	5	487

32								
32	1	024	81	2	592	130	4	160
33	1	056	82	2	624	131	4	192
34	1	088	83	2	656	132	4	224
35	1	120	84	2	688	133	4	256
36	1	152	85	2	720	134	4	288
37	1	184	86	2	752	135	4	320
38	1	216	87	2	784	136	4	352
39	1	248	88	2	816	137	4	384
40	1	280	89	2	848	138	4	416
41	1	312	90	2	880	139	4	448
42	1	344	91	2	912	140	4	480
43	1	376	92	2	944	141	4	512
44	1	408	93	2	976	142	4	544
45	1	440	94	3	008	143	4	576
46	1	472	95	3	040	144	4	608
47	1	504	96	3	072	145	4	640
48	1	536	97	3	104	146	4	672
49	1	568	98	3	136	147	4	704
50	1	600	99	3	168	148	4	736
51	1	632	100	3	200	149	4	768
52	1	664	101	3	232	150	4	800
53	1	696	102	3	264	151	4	832
54	1	728	103	3	296	152	4	864
55	1	760	104	3	328	153	4	896
56	1	792	105	3	360	154	4	928
57	1	824	106	3	392	155	4	960
58	1	856	107	3	424	156	4	992
59	1	888	108	3	456	157	5	024
60	1	920	109	3	488	158	5	056
61	1	952	110	3	520	159	5	088
62	1	984	111	3	552	160	5	120
63	2	016	112	3	584	161	5	152
64	2	048	113	3	616	162	5	184
65	2	080	114	3	648	163	5	216
66	2	112	115	3	680	164	5	248
67	2	144	116	3	712	165	5	280
68	2	176	117	3	744	166	5	312
69	2	208	118	3	776	167	5	344
70	2	240	119	3	808	168	5	376
71	2	272	120	3	840	169	5	408
72	2	304	121	3	872	170	5	440
73	2	336	122	3	904	171	5	472
74	2	368	123	3	936	172	5	504
75	2	400	124	3	968	173	5	536
76	2	432	125	4	000	174	5	568
77	2	464	126	4	032	175	5	600
78	2	496	127	4	064	176	5	632
79	2	528	128	4	096	177	5	664
80	2	560	129	4	128	178	5	696

33						
33	1	089	82	2	706	131
34	1	122	83	2	739	132
35	1	155	84	2	772	133
36	1	188	85	2	805	134
37	1	221	86	2	838	135
38	1	254	87	2	871	136
39	1	287	88	2	904	137
40	1	320	89	2	937	138
41	1	353	90	2	970	139
42	1	386	91	3	003	140
43	1	419	92	3	036	141
44	1	452	93	3	069	142
45	1	485	94	3	102	143
46	1	518	95	3	135	144
47	1	551	96	3	168	145
48	1	584	97	3	201	146
49	1	617	98	3	234	147
50	1	650	99	3	267	148
51	1	683	100	3	300	149
52	1	716	101	3	333	150
53	1	749	102	3	366	151
54	1	782	103	3	399	152
55	1	815	104	3	432	153
56	1	848	105	3	465	154
57	1	881	106	3	498	155
58	1	914	107	3	531	156
59	1	947	108	3	564	157
60	1	980	109	3	597	158
61	2	013	110	3	630	159
62	2	046	111	3	663	160
63	2	079	112	3	696	161
64	2	112	113	3	729	162
65	2	145	114	3	762	163
66	2	178	115	3	795	164
67	2	211	116	3	828	165
68	2	244	117	3	861	166
69	2	277	118	3	894	167
70	2	310	119	3	927	168
71	2	343	120	3	960	169
72	2	376	121	3	993	170
73	2	409	122	4	026	171
74	2	442	123	4	059	172
75	2	475	124	4	092	173
76	2	508	125	4	125	174
77	2	541	126	4	158	175
78	2	574	127	4	191	176
79	2	607	128	4	224	177
80	2	640	129	4	257	178
81	2	673	130	4	290	179

34

34	1 156	83	2 822	132	4 488
35	1 190	84	2 856	133	4 522
36	1 224	85	2 890	134	4 556
37	1 258	86	2 924	135	4 590
38	1 292	87	2 958	136	4 624
39	1 326	88	2 992	137	4 658
40	1 360	89	3 026	138	4 692
41	1 394	90	3 060	139	4 726
42	1 428	91	3 094	140	4 760
43	1 462	92	3 128	141	4 794
44	1 496	93	3 162	142	4 828
45	1 530	94	3 196	143	4 862
46	1 564	95	3 230	144	4 896
47	1 598	96	3 264	145	4 930
48	1 632	97	3 298	146	4 964
49	1 666	98	3 332	147	4 998
50	1 700	99	3 366	148	5 032
51	1 734	100	3 400	149	5 066
52	1 768	101	3 434	150	5 100
53	1 802	102	3 468	151	5 134
54	1 836	103	3 502	152	5 168
55	1 870	104	3 536	153	5 202
56	1 904	105	3 570	154	5 236
57	1 938	106	3 604	155	5 270
58	1 972	107	3 638	156	5 304
59	2 006	108	3 672	157	5 338
60	2 040	109	3 706	158	5 372
61	2 074	110	3 740	159	5 406
62	2 108	111	3 774	160	5 440
63	2 142	112	3 808	161	5 474
64	2 176	113	3 842	162	5 508
65	2 210	114	3 876	163	5 542
66	2 244	115	3 910	164	5 576
67	2 278	116	3 944	165	5 610
68	2 312	117	3 978	166	5 644
69	2 346	118	4 012	167	5 678
70	2 380	119	4 046	168	5 712
71	2 414	120	4 080	169	5 746
72	2 448	121	4 114	170	5 780
73	2 482	122	4 148	171	5 814
74	2 516	123	4 182	172	5 848
75	2 550	124	4 216	173	5 882
76	2 584	125	4 250	174	5 916
77	2 618	126	4 284	175	5 950
78	2 652	127	4 318	176	5 984
79	2 686	128	4 352	177	6 018
80	2 720	129	4 386	178	6 052
81	2 754	130	4 420	179	6 086
82	2 788	131	4 454	180	6 120

35

35	1 225	84	2 940	133	4 655
36	1 260	85	2 975	134	4 690
37	1 295	86	3 010	135	4 725
38	1 330	87	3 045	136	4 760
39	1 365	88	3 080	137	4 795
40	1 400	89	3 115	138	4 830
41	1 435	90	3 150	139	4 865
42	1 470	91	3 185	140	4 900
43	1 505	92	3 220	141	4 935
44	1 540	93	3 255	142	4 970
45	1 575	94	3 290	143	5 005
46	1 610	95	3 325	144	5 040
47	1 645	96	3 360	145	5 075
48	1 680	97	3 395	146	5 110
49	1 715	98	3 430	147	5 145
50	1 750	99	3 465	148	5 180
51	1 785	100	3 500	149	5 215
52	1 820	101	3 535	150	5 250
53	1 855	102	3 570	151	5 285
54	1 890	103	3 605	152	5 320
55	1 925	104	3 640	153	5 355
56	1 960	105	3 675	154	5 390
57	1 995	106	3 710	155	5 425
58	2 030	107	3 745	156	5 460
59	2 065	108	3 780	157	5 495
60	2 100	109	3 815	158	5 530
61	2 135	110	3 850	159	5 565
62	2 170	111	3 885	160	5 600
63	2 205	112	3 920	161	5 635
64	2 240	113	3 955	162	5 670
65	2 275	114	3 990	163	5 705
66	2 310	115	4 025	164	5 740
67	2 345	116	4 060	165	5 775
68	2 380	117	4 095	166	5 810
69	2 415	118	4 130	167	5 845
70	2 450	119	4 165	168	5 880
71	2 485	120	4 200	169	5 915
72	2 520	121	4 235	170	5 950
73	2 555	122	4 270	171	5 985
74	2 590	123	4 305	172	6 020
75	2 625	124	4 340	173	6 055
76	2 660	125	4 375	174	6 090
77	2 695	126	4 410	175	6 125
78	2 730	127	4 445	176	6 160
79	2 765	128	4 480	177	6 195
80	2 800	129	4 515	178	6 230
81	2 835	130	4 550	179	6 265
82	2 870	131	4 585	180	6 300
83	2 905	132	4 620	181	6 335

36

36	1 296	85	3 060	134	4 824
37	1 332	86	3 096	135	4 860
38	1 368	87	3 132	136	4 896
39	1 404	88	3 168	137	4 932
40	1 440	89	3 204	138	4 968
41	1 476	90	3 240	139	5 004
42	1 512	91	3 276	140	5 040
43	1 548	92	3 312	141	5 076
44	1 584	93	3 348	142	5 112
45	1 620	94	3 384	143	5 148
46	1 656	95	3 420	144	5 184
47	1 692	96	3 456	145	5 220
48	1 728	97	3 492	146	5 256
49	1 764	98	3 528	147	5 292
50	1 800	99	3 564	148	5 328
51	1 836	100	3 600	149	5 364
52	1 872	101	3 636	150	5 400
53	1 908	102	3 672	151	5 436
54	1 944	103	3 708	152	5 472
55	1 980	104	3 744	153	5 508
56	2 016	105	3 780	154	5 544
57	2 052	106	3 816	155	5 580
58	2 088	107	3 852	156	5 616
59	2 124	108	3 888	157	5 652
60	2 160	109	3 924	158	5 688
61	2 196	110	3 960	159	5 724
62	2 232	111	3 996	160	5 760
63	2 268	112	4 032	161	5 796
64	2 304	113	4 068	162	5 832
65	2 340	114	4 104	163	5 868
66	2 376	115	4 140	164	5 904
67	2 412	116	4 176	165	5 940
68	2 448	117	4 212	166	5 976
69	2 484	118	4 248	167	6 012
70	2 520	119	4 284	168	6 048
71	2 556	120	4 320	169	6 084
72	2 592	121	4 356	170	6 120
73	2 628	122	4 392	171	6 156
74	2 664	123	4 428	172	6 192
75	2 700	124	4 464	173	6 228
76	2 736	125	4 500	174	6 264
77	2 772	126	4 536	175	6 300
78	2 808	127	4 572	176	6 336
79	2 844	128	4 608	177	6 372
80	2 880	129	4 644	178	6 408
81	2 916	130	4 680	179	6 444
82	2 952	131	4 716	180	6 480
83	2 988	132	4 752	181	6 516
84	3 024	133	4 788	182	6 552

37									38									39						
37	1	369	86	3	182	135	4	995	38	1	444	87	3	306	136	5	168	39	1	521	88	3	432	137
38	1	406	87	3	219	136	5	032	39	1	482	88	3	344	137	5	206	40	1	560	89	3	471	138
39	1	443	88	3	256	137	5	069	40	1	520	89	3	382	138	5	244	41	1	599	90	3	510	139
40	1	480	89	3	293	138	5	106	41	1	558	90	3	420	139	5	282	42	1	638	91	3	549	140
41	1	517	90	3	330	139	5	143	42	1	596	91	3	458	140	5	320	43	1	677	92	3	588	141
42	1	554	91	3	367	140	5	180	43	1	634	92	3	496	141	5	358	44	1	716	93	3	627	142
43	1	591	92	3	404	141	5	217	44	1	672	93	3	534	142	5	396	45	1	755	94	3	666	143
44	1	628	93	3	441	142	5	254	45	1	710	94	3	572	143	5	434	46	1	794	95	3	705	144
45	1	665	94	3	478	143	5	291	46	1	748	95	3	610	144	5	472	47	1	833	96	3	744	145
46	1	702	95	3	515	144	5	328	47	1	786	96	3	648	145	5	510	48	1	872	97	3	783	146
47	1	739	96	3	552	145	5	365	48	1	824	97	3	686	146	5	548	49	1	911	98	3	822	147
48	1	776	97	3	589	146	5	402	49	1	862	98	3	724	147	5	586	50	1	950	99	3	861	148
49	1	813	98	3	626	147	5	439	50	1	900	99	3	762	148	5	624	51	1	989	100	3	900	149
50	1	850	99	3	663	148	5	476	51	1	938	100	3	800	149	5	662	52	2	028	101	3	939	150
51	1	887	100	3	700	149	5	513	52	1	976	101	3	838	150	5	700	53	2	067	102	3	978	151
52	1	924	101	3	737	150	5	550	53	2	014	102	3	876	151	5	738	54	2	106	103	4	017	152
53	1	961	102	3	774	151	5	587	54	2	052	103	3	914	152	5	776	55	2	145	104	4	056	153
54	1	998	103	3	811	152	5	624	55	2	090	104	3	952	153	5	814	56	2	184	105	4	095	154
55	2	035	104	3	848	153	5	661	56	2	128	105	3	990	154	5	852	57	2	223	106	4	134	155
56	2	072	105	3	885	154	5	698	57	2	166	106	4	028	155	5	890	58	2	262	107	4	173	156
57	2	109	106	3	922	155	5	735	58	2	204	107	4	066	156	5	928	59	2	301	108	4	212	157
58	2	146	107	3	959	156	5	772	59	2	242	108	4	104	157	5	966	60	2	340	109	4	251	158
59	2	183	108	3	996	157	5	809	60	2	280	109	4	142	158	6	004	61	2	379	110	4	290	159
60	2	220	109	4	033	158	5	846	61	2	318	110	4	180	159	6	042	62	2	418	111	4	329	160
61	2	257	110	4	070	159	5	883	62	2	356	111	4	218	160	6	080	63	2	457	112	4	368	161
62	2	294	111	4	107	160	5	920	63	2	394	112	4	256	161	6	118	64	2	496	113	4	407	162
63	2	331	112	4	144	161	5	957	64	2	432	113	4	294	162	6	156	65	2	535	114	4	446	163
64	2	368	113	4	181	162	5	994	65	2	470	114	4	332	163	6	194	66	2	574	115	4	485	164
65	2	405	114	4	218	163	6	031	66	2	508	115	4	370	164	6	232	67	2	613	116	4	524	165
66	2	442	115	4	255	164	6	068	67	2	546	116	4	408	165	6	270	68	2	652	117	4	563	166
67	2	479	116	4	292	165	6	105	68	2	584	117	4	446	166	6	308	69	2	691	118	4	602	167
68	2	516	117	4	329	166	6	142	69	2	622	118	4	484	167	6	346	70	2	730	119	4	641	168
69	2	553	118	4	366	167	6	179	70	2	660	119	4	522	168	6	384	71	2	769	120	4	680	169
70	2	590	119	4	403	168	6	216	71	2	698	120	4	560	169	6	422	72	2	808	121	4	719	170
71	2	627	120	4	440	169	6	253	72	2	736	121	4	598	170	6	460	73	2	847	122	4	758	171
72	2	664	121	4	477	170	6	290	73	2	774	122	4	636	171	6	498	74	2	886	123	4	797	172
73	2	701	122	4	514	171	6	327	74	2	812	123	4	674	172	6	536	75	2	925	124	4	836	173
74	2	738	123	4	551	172	6	364	75	2	850	124	4	712	173	6	574	76	2	964	125	4	875	174
75	2	775	124	4	588	173	6	401	76	2	888	125	4	750	174	6	612	77	3	003	126	4	914	175
76	2	812	125	4	625	174	6	438	77	2	926	126	4	788	175	6	650	78	3	042	127	4	953	176
77	2	849	126	4	662	175	6	475	78	2	964	127	4	826	176	6	688	79	3	081	128	4	992	177
78	2	886	127	4	699	176	6	512	79	3	002	128	4	864	177	6	726	80	3	120	129	5	031	178
79	2	923	128	4	736	177	6	549	80	3	040	129	4	902	178	6	764	81	3	159	130	5	070	179
80	2	960	129	4	773	178	6	586	81	3	078	130	4	940	179	6	802	82	3	198	131	5	109	180
81	2	997	130	4	810	179	6	623	82	3	116	131	4	978	180	6	840	83	3	237	132	5	148	181
82	3	034	131	4	847	180	6	660	83	3	154	132	5	016	181	6	878	84	3	276	133	5	187	182
83	3	071	132	4	884	181	6	697	84	3	192	133	5	054	182	6	916	85	3	315	134	5	226	183
84	3	108	133	4	921	182	6	734	85	3	230	134	5	092	183	6	954	86	3	354	135	5	265	184
85	3	145	134	4	958	183	6	771	86	3	268	135	5	130	184	6	992	87	3	393	136	5	304	185

40								
40	1	600	89	3	560	138	5	520
41	1	640	90	3	600	139	5	560
42	1	680	91	3	640	140	5	600
43	1	720	92	3	680	141	5	640
44	1	760	93	3	720	142	5	680
45	1	800	94	3	760	143	5	720
46	1	840	95	3	800	144	5	760
47	1	880	96	3	840	145	5	800
48	1	920	97	3	880	146	5	840
49	1	960	98	3	920	147	5	880
50	2	000	99	3	960	148	5	920
51	2	040	100	4	000	149	5	960
52	2	080	101	4	040	150	6	000
53	2	120	102	4	080	151	6	040
54	2	160	103	4	120	152	6	080
55	2	200	104	4	160	153	6	120
56	2	240	105	4	200	154	6	160
57	2	280	106	4	240	155	6	200
58	2	320	107	4	280	156	6	240
59	2	360	108	4	320	157	6	280
60	2	400	109	4	360	158	6	320
61	2	440	110	4	400	159	6	360
62	2	480	111	4	440	160	6	400
63	2	520	112	4	480	161	6	440
64	2	560	113	4	520	162	6	480
65	2	600	114	4	560	163	6	520
66	2	640	115	4	600	164	6	560
67	2	680	116	4	640	165	6	600
68	2	720	117	4	680	166	6	640
69	2	760	118	4	720	167	6	680
70	2	800	119	4	760	168	6	720
71	2	840	120	4	800	169	6	760
72	2	880	121	4	840	170	6	800
73	2	920	122	4	880	171	6	840
74	2	960	123	4	920	172	6	880
75	3	000	124	4	960	173	6	920
76	3	040	125	5	000	174	6	960
77	3	080	126	5	040	175	7	000
78	3	120	127	5	080	176	7	040
79	3	160	128	5	120	177	7	080
80	3	200	129	5	160	178	7	120
81	3	240	130	5	200	179	7	160
82	3	280	131	5	240	180	7	200
83	3	320	132	5	280	181	7	240
84	3	360	133	5	320	182	7	280
85	3	400	134	5	360	183	7	320
86	3	440	135	5	400	184	7	360
87	3	480	136	5	440	185	7	400
88	3	520	137	5	480	186	7	440

41								
41	1	681	90	3	690	139	5	699
42	1	722	91	3	731	140	5	740
43	1	763	92	3	772	141	5	781
44	1	804	93	3	813	142	5	822
45	1	845	94	3	854	143	5	863
46	1	886	95	3	895	144	5	904
47	1	927	96	3	936	145	5	945
48	1	968	97	3	977	146	5	986
49	2	009	98	4	018	147	6	027
50	2	050	99	4	059	148	6	068
51	2	091	100	4	100	149	6	109
52	2	132	101	4	141	150	6	150
53	2	173	102	4	182	151	6	191
54	2	214	103	4	223	152	6	232
55	2	255	104	4	264	153	6	273
56	2	296	105	4	305	154	6	314
57	2	337	106	4	346	155	6	355
58	2	378	107	4	387	156	6	396
59	2	419	108	4	428	157	6	437
60	2	460	109	4	469	158	6	478
61	2	501	110	4	510	159	6	519
62	2	542	111	4	551	160	6	560
63	2	583	112	4	592	161	6	601
64	2	624	113	4	633	162	6	642
65	2	665	114	4	674	163	6	683
66	2	706	115	4	715	164	6	724
67	2	747	116	4	756	165	6	765
68	2	788	117	4	797	166	6	806
69	2	829	118	4	838	167	6	847
70	2	870	119	4	879	168	6	888
71	2	911	120	4	920	169	6	929
72	2	952	121	4	961	170	6	970
73	2	993	122	5	002	171	7	011
74	3	034	123	5	043	172	7	052
75	3	075	124	5	084	173	7	093
76	3	116	125	5	125	174	7	134
77	3	157	126	5	166	175	7	175
78	3	198	127	5	207	176	7	216
79	3	239	128	5	248	177	7	257
80	3	280	129	5	289	178	7	298
81	3	321	130	5	330	179	7	339
82	3	362	131	5	371	180	7	380
83	3	403	132	5	412	181	7	421
84	3	444	133	5	453	182	7	462
85	3	485	134	5	494	183	7	503
86	3	526	135	5	535	184	7	544
87	3	567	136	5	576	185	7	585
88	3	608	137	5	617	186	7	626
89	3	649	138	5	658	187	7	667

42								
42	1	764	91	3	822	140	5	880
43	1	806	92	3	864	141	5	922
44	1	848	93	3	906	142	5	964
45	1	890	94	3	948	143	6	006
46	1	932	95	3	990	144	6	048
47	1	974	96	4	032	145	6	090
48	2	016	97	4	074	146	6	132
49	2	058	98	4	116	147	6	174
50	2	100	99	4	158	148	6	216
51	2	142	100	4	200	149	6	258
52	2	184	101	4	242	150	6	300
53	2	226	102	4	284	151	6	342
54	2	268	103	4	326	152	6	384
55	2	310	104	4	368	153	6	426
56	2	352	105	4	410	154	6	468
57	2	394	106	4	452	155	6	510
58	2	436	107	4	494	156	6	552
59	2	478	108	4	536	157	6	594
60	2	520	109	4	578	158	6	636
61	2	562	110	4	620	159	6	678
62	2	604	111	4	662	160	6	720
63	2	646	112	4	704	161	6	762
64	2	688	113	4	746	162	6	804
65	2	730	114	4	788	163	6	846
66	2	772	115	4	830	164	6	888
67	2	814	116	4	872	165	6	930
68	2	856	117	4	914	166	6	972
69	2	898	118	4	956	167	7	014
70	2	940	119	4	998	168	7	056
71	2	982	120	5	040	169	7	098
72	3	024	121	5	082	170	7	140
73	3	066	122	5	124	171	7	182
74	3	108	123	5	166	172	7	224
75	3	150	124	5	208	173	7	266
76	3	192	125	5	250	174	7	308
77	3	234	126	5	292	175	7	350
78	3	276	127	5	334	176	7	392
79	3	318	128	5	376	177	7	434
80	3	360	129	5	418	178	7	476
81	3	402	130	5	460	179	7	518
82	3	444	131	5	502	180	7	560
83	3	486	132	5	544	181	7	602
84	3	528	133	5	586	182	7	644
85	3	570	134	5	628	183	7	686
86	3	612	135	5	670	184	7	728
87	3	654	136	5	712	185	7	770
88	3	696	137	5	754	186	7	812
89	3	738	138	5	796	187	7	854
90	3	780	139	5	838	188	7	896

43						44						45				
43	1 849	92	3 956	141	6 063	44	1 936	93	4 092	142	6 248	45	2 025	94	4 230	143
44	1 892	93	3 999	142	6 106	45	1 980	94	4 136	143	6 292	46	2 070	95	4 275	144
45	1 935	94	4 042	143	6 149	46	2 024	95	4 180	144	6 336	47	2 115	96	4 320	145
46	1 978	95	4 085	144	6 192	47	2 068	96	4 224	145	6 380	48	2 160	97	4 365	146
47	2 021	96	4 128	145	6 235	48	2 112	97	4 268	146	6 424	49	2 205	98	4 410	147
48	2 064	97	4 171	146	6 278	49	2 156	98	4 312	147	6 468	50	2 250	99	4 455	148
49	2 107	98	4 214	147	6 321	50	2 200	99	4 356	148	6 512	51	2 295	100	4 500	149
50	2 150	99	4 257	148	6 364	51	2 244	100	4 400	149	6 556	52	2 340	101	4 545	150
51	2 193	100	4 300	149	6 407	52	2 288	101	4 444	150	6 600	53	2 385	102	4 590	151
52	2 236	101	4 343	150	6 450	53	2 332	102	4 488	151	6 644	54	2 430	103	4 635	152
53	2 279	102	4 386	151	6 493	54	2 376	103	4 532	152	6 688	55	2 475	104	4 680	153
54	2 322	103	4 429	152	6 536	55	2 420	104	4 576	153	6 732	56	2 520	105	4 725	154
55	2 365	104	4 472	153	6 579	56	2 464	105	4 620	154	6 776	57	2 565	106	4 770	155
56	2 408	105	4 515	154	6 622	57	2 508	106	4 664	155	6 820	58	2 610	107	4 815	156
57	2 451	106	4 558	155	6 665	58	2 552	107	4 708	156	6 864	59	2 655	108	4 860	157
58	2 494	107	4 601	156	6 708	59	2 596	108	4 752	157	6 908	60	2 700	109	4 905	158
59	2 537	108	4 644	157	6 751	60	2 640	109	4 796	158	6 952	61	2 745	110	4 950	159
60	2 580	109	4 687	158	6 794	61	2 684	110	4 840	159	6 996	62	2 790	111	4 995	160
61	2 623	110	4 730	159	6 837	62	2 728	111	4 884	160	7 040	63	2 835	112	5 040	161
62	2 666	111	4 773	160	6 880	63	2 772	112	4 928	161	7 084	64	2 880	113	5 085	162
63	2 709	112	4 816	161	6 923	64	2 816	113	4 972	162	7 128	65	2 925	114	5 130	163
64	2 752	113	4 859	162	6 966	65	2 860	114	5 016	163	7 172	66	2 970	115	5 175	164
65	2 795	114	4 902	163	7 009	66	2 904	115	5 060	164	7 216	67	3 015	116	5 220	165
66	2 838	115	4 945	164	7 052	67	2 948	116	5 104	165	7 260	68	3 060	117	5 265	166
67	2 881	116	4 988	165	7 095	68	2 992	117	5 148	166	7 304	69	3 105	118	5 310	167
68	2 924	117	5 031	166	7 138	69	3 036	118	5 192	167	7 348	70	3 150	119	5 355	168
69	2 967	118	5 074	167	7 181	70	3 080	119	5 236	168	7 392	71	3 195	120	5 400	169
70	3 010	119	5 117	168	7 224	71	3 124	120	5 280	169	7 436	72	3 240	121	5 445	170
71	3 053	120	5 160	169	7 267	72	3 168	121	5 324	170	7 480	73	3 285	122	5 490	171
72	3 096	121	5 203	170	7 310	73	3 212	122	5 368	171	7 524	74	3 330	123	5 535	172
73	3 139	122	5 246	171	7 353	74	3 256	123	5 412	172	7 568	75	3 375	124	5 580	173
74	3 182	123	5 289	172	7 396	75	3 300	124	5 456	173	7 612	76	3 420	125	5 625	174
75	3 225	124	5 332	173	7 439	76	3 344	125	5 500	174	7 656	77	3 465	126	5 670	175
76	3 268	125	5 375	174	7 482	77	3 388	126	5 544	175	7 700	78	3 510	127	5 715	176
77	3 311	126	5 418	175	7 525	78	3 432	127	5 588	176	7 744	79	3 555	128	5 760	177
78	3 354	127	5 461	176	7 568	79	3 476	128	5 632	177	7 788	80	3 600	129	5 805	178
79	3 397	128	5 504	177	7 611	80	3 520	129	5 676	178	7 832	81	3 645	130	5 850	179
80	3 440	129	5 547	178	7 654	81	3 564	130	5 720	179	7 876	82	3 690	131	5 895	180
81	3 483	130	5 590	179	7 697	82	3 608	131	5 764	180	7 920	83	3 735	132	5 940	181
82	3 526	131	5 633	180	7 740	83	3 652	132	5 808	181	7 964	84	3 780	133	5 985	182
83	3 569	132	5 676	181	7 783	84	3 696	133	5 852	182	8 008	85	3 825	134	6 030	183
84	3 612	133	5 719	182	7 826	85	3 740	134	5 896	183	8 052	86	3 870	135	6 075	184
85	3 655	134	5 762	183	7 869	86	3 784	135	5 940	184	8 096	87	3 915	136	6 120	185
86	3 698	135	5 805	184	7 912	87	3 828	136	5 984	185	8 140	88	3 960	137	6 165	186
87	3 741	136	5 848	185	7 955	88	3 872	137	6 028	186	8 184	89	4 005	138	6 210	187
88	3 784	137	5 891	186	7 998	89	3 916	138	6 072	187	8 228	90	4 050	139	6 255	188
89	3 827	138	5 934	187	8 041	90	3 960	139	6 116	188	8 272	91	4 095	140	6 300	189
90	3 870	139	5 977	188	8 084	91	4 004	140	6 160	189	8 316	92	4 140	141	6 345	190
91	3 913	140	6 020	189	8 127	92	4 048	141	6 204	190	8 360	93	4 185	142	6 390	191

46								
46	2	116	95	4	370	144	6	624
47	2	162	96	4	416	145	6	670
48	2	208	97	4	462	146	6	716
49	2	254	98	4	508	147	6	762
50	2	300	99	4	554	148	6	808
51	2	346	100	4	600	149	6	854
52	2	392	101	4	646	150	6	900
53	2	438	102	4	692	151	6	946
54	2	484	103	4	738	152	6	992
55	2	530	104	4	784	153	7	038
56	2	576	105	4	830	154	7	084
57	2	622	106	4	876	155	7	130
58	2	668	107	4	922	156	7	176
59	2	714	108	4	968	157	7	222
60	2	760	109	5	014	158	7	268
61	2	806	110	5	060	159	7	314
62	2	852	111	5	106	160	7	360
63	2	898	112	5	152	161	7	406
64	2	944	113	5	198	162	7	452
65	2	990	114	5	244	163	7	498
66	3	036	115	5	290	164	7	544
67	3	082	116	5	336	165	7	590
68	3	128	117	5	382	166	7	636
69	3	174	118	5	428	167	7	682
70	3	220	119	5	474	168	7	728
71	3	266	120	5	520	169	7	774
72	3	312	121	5	566	170	7	820
73	3	358	122	5	612	171	7	866
74	3	404	123	5	658	172	7	912
75	3	450	124	5	704	173	7	958
76	3	496	125	5	750	174	8	004
77	3	542	126	5	796	175	8	050
78	3	588	127	5	842	176	8	096
79	3	634	128	5	888	177	8	142
80	3	680	129	5	934	178	8	188
81	3	726	130	5	980	179	8	234
82	3	772	131	6	026	180	8	280
83	3	818	132	6	072	181	8	326
84	3	864	133	6	118	182	8	372
85	3	910	134	6	164	183	8	418
86	3	956	135	6	210	184	8	464
87	4	002	136	6	256	185	8	510
88	4	048	137	6	302	186	8	556
89	4	094	138	6	348	187	8	602
90	4	140	139	6	394	188	8	648
91	4	186	140	6	440	189	8	694
92	4	232	141	6	486	190	8	740
93	4	278	142	6	532	191	8	786
94	4	324	143	6	578	192	8	832

47								
47	2	209	96	4	512	145	6	815
48	2	256	97	4	559	146	6	862
49	2	303	98	4	606	147	6	909
50	2	350	99	4	653	148	6	956
51	2	397	100	4	700	149	7	003
52	2	444	101	4	747	150	7	050
53	2	491	102	4	794	151	7	097
54	2	538	103	4	841	152	7	144
55	2	585	104	4	888	153	7	191
56	2	632	105	4	935	154	7	238
57	2	679	106	4	982	155	7	285
58	2	726	107	5	029	156	7	332
59	2	773	108	5	076	157	7	379
60	2	820	109	5	123	158	7	426
61	2	867	110	5	170	159	7	473
62	2	914	111	5	217	160	7	520
63	2	961	112	5	264	161	7	567
64	3	008	113	5	311	162	7	614
65	3	055	114	5	358	163	7	661
66	3	102	115	5	405	164	7	708
67	3	149	116	5	452	165	7	755
68	3	196	117	5	499	166	7	802
69	3	243	118	5	546	167	7	849
70	3	290	119	5	593	168	7	896
71	3	337	120	5	640	169	7	943
72	3	384	121	5	687	170	7	990
73	3	431	122	5	734	171	8	037
74	3	478	123	5	781	172	8	084
75	3	525	124	5	828	173	8	131
76	3	572	125	5	875	174	8	178
77	3	619	126	5	922	175	8	225
78	3	666	127	5	969	176	8	272
79	3	713	128	6	016	177	8	319
80	3	760	129	6	063	178	8	366
81	3	807	130	6	110	179	8	413
82	3	854	131	6	157	180	8	460
83	3	901	132	6	204	181	8	507
84	3	948	133	6	251	182	8	554
85	3	995	134	6	298	183	8	601
86	4	042	135	6	345	184	8	648
87	4	089	136	6	392	185	8	695
88	4	136	137	6	439	186	8	742
89	4	183	138	6	486	187	8	789
90	4	230	139	6	533	188	8	836
91	4	277	140	6	580	189	8	883
92	4	324	141	6	627	190	8	930
93	4	371	142	6	674	191	8	977
94	4	418	143	6	721	192	9	024
95	4	465	144	6	768	193	9	071

48								
48	2	304	97	4	656	146	7	008
49	2	352	98	4	704	147	7	056
50	2	400	99	4	752	148	7	104
51	2	448	100	4	800	149	7	152
52	2	496	101	4	848	150	7	200
53	2	544	102	4	896	151	7	248
54	2	592	103	4	944	152	7	296
55	2	640	104	4	992	153	7	344
56	2	688	105	5	040	154	7	392
57	2	736	106	5	088	155	7	440
58	2	784	107	5	136	156	7	488
59	2	832	108	5	184	157	7	536
60	2	880	109	5	232	158	7	584
61	2	928	110	5	280	159	7	632
62	2	976	111	5	328	160	7	680
63	3	024	112	5	376	161	7	728
64	3	072	113	5	424	162	7	776
65	3	120	114	5	472	163	7	824
66	3	168	115	5	520	164	7	872
67	3	216	116	5	568	165	7	920
68	3	264	117	5	616	166	7	968
69	3	312	118	5	664	167	8	016
70	3	360	119	5	712	168	8	064
71	3	408	120	5	760	169	8	112
72	3	456	121	5	808	170	8	160
73	3	504	122	5	856	171	8	208
74	3	552	123	5	904	172	8	256
75	3	600	124	5	952	173	8	304
76	3	648	125	6	000	174	8	352
77	3	696	126	6	048	175	8	400
78	3	744	127	6	096	176	8	448
79	3	792	128	6	144	177	8	496
80	3	840	129	6	192	178	8	544
81	3	888	130	6	240	179	8	592
82	3	936	131	6	288	180	8	640
83	3	984	132	6	336	181	8	688
84	4	032	133	6	384	182	8	736
85	4	080	134	6	432	183	8	784
86	4	128	135	6	480	184	8	832
87	4	176	136	6	528	185	8	880
88	4	224	137	6	576	186	8	928
89	4	272	138	6	624	187	8	976
90	4	320	139	6	672	188	9	024
91	4	368	140	6	720	189	9	072
92	4	416	141	6	768	190	9	120
93	4	464	142	6	816	191	9	168
94	4	512	143	6	864	192	9	216
95	4	560	144	6	912	193	9	264
96	4	608	145	6	960	194	9	312

49					
49	2 401	98	4 802	147	7 203
50	2 450	99	4 851	148	7 252
51	2 499	100	4 900	149	7 301
52	2 548	101	4 949	150	7 350
53	2 597	102	4 998	151	7 399
54	2 646	103	5 047	152	7 448
55	2 695	104	5 096	153	7 497
56	2 744	105	5 145	154	7 546
57	2 793	106	5 194	155	7 595
58	2 842	107	5 243	156	7 644
59	2 891	108	5 292	157	7 693
60	2 940	109	5 341	158	7 742
61	2 989	110	5 390	159	7 791
62	3 038	111	5 439	160	7 840
63	3 087	112	5 488	161	7 889
64	3 136	113	5 537	162	7 938
65	3 185	114	5 586	163	7 987
66	3 234	115	5 635	164	8 036
67	3 283	116	5 684	165	8 085
68	3 332	117	5 733	166	8 134
69	3 381	118	5 782	167	8 183
70	3 430	119	5 831	168	8 232
71	3 479	120	5 880	169	8 281
72	3 528	121	5 929	170	8 330
73	3 577	122	5 978	171	8 379
74	3 626	123	6 027	172	8 428
75	3 675	124	6 076	173	8 477
76	3 724	125	6 125	174	8 526
77	3 773	126	6 174	175	8 575
78	3 822	127	6 223	176	8 624
79	3 871	128	6 272	177	8 673
80	3 920	129	6 321	178	8 722
81	3 969	130	6 370	179	8 771
82	4 018	131	6 419	180	8 820
83	4 067	132	6 468	181	8 869
84	4 116	133	6 517	182	8 918
85	4 165	134	6 566	183	8 967
86	4 214	135	6 615	184	9 016
87	4 263	136	6 664	185	9 065
88	4 312	137	6 713	186	9 114
89	4 361	138	6 762	187	9 163
90	4 410	139	6 811	188	9 212
91	4 459	140	6 860	189	9 261
92	4 508	141	6 909	190	9 310
93	4 557	142	6 958	191	9 359
94	4 606	143	7 007	192	9 408
95	4 655	144	7 056	193	9 457
96	4 704	145	7 105	194	9 506
97	4 753	146	7 154	195	9 555

50					
50	2 500	99	4 950	148	7 400
51	2 550	100	5 000	149	7 450
52	2 600	101	5 050	150	7 500
53	2 650	102	5 100	151	7 550
54	2 700	103	5 150	152	7 600
55	2 750	104	5 200	153	7 650
56	2 800	105	5 250	154	7 700
57	2 850	106	5 300	155	7 750
58	2 900	107	5 350	156	7 800
59	2 950	108	5 400	157	7 850
60	3 000	109	5 450	158	7 900
61	3 050	110	5 500	159	7 950
62	3 100	111	5 550	160	8 000
63	3 150	112	5 600	161	8 050
64	3 200	113	5 650	162	8 100
65	3 250	114	5 700	163	8 150
66	3 300	115	5 750	164	8 200
67	3 350	116	5 800	165	8 250
68	3 400	117	5 850	166	8 300
69	3 450	118	5 900	167	8 350
70	3 500	119	5 950	168	8 400
71	3 550	120	6 000	169	8 450
72	3 600	121	6 050	170	8 500
73	3 650	122	6 100	171	8 550
74	3 700	123	6 150	172	8 600
75	3 750	124	6 200	173	8 650
76	3 800	125	6 250	174	8 700
77	3 850	126	6 300	175	8 750
78	3 900	127	6 350	176	8 800
79	3 950	128	6 400	177	8 850
80	4 000	129	6 450	178	8 900
81	4 050	130	6 500	179	8 950
82	4 100	131	6 550	180	9 000
83	4 150	132	6 600	181	9 050
84	4 200	133	6 650	182	9 100
85	4 250	134	6 700	183	9 150
86	4 300	135	6 750	184	9 200
87	4 350	136	6 800	185	9 250
88	4 400	137	6 850	186	9 300
89	4 450	138	6 900	187	9 350
90	4 500	139	6 950	188	9 400
91	4 550	140	7 000	189	9 450
92	4 600	141	7 050	190	9 500
93	4 650	142	7 100	191	9 550
94	4 700	143	7 150	192	9 600
95	4 750	144	7 200	193	9 650
96	4 800	145	7 250	194	9 700
97	4 850	146	7 300	195	9 750
98	4 900	147	7 350	196	9 800

51				
51	2 601	100	5 100	149
52	2 652	101	5 151	150
53	2 703	102	5 202	151
54	2 754	103	5 253	152
55	2 805	104	5 304	153
56	2 856	105	5 355	154
57	2 907	106	5 406	155
58	2 958	107	5 457	156
59	3 009	108	5 508	157
60	3 060	109	5 559	158
61	3 111	110	5 610	159
62	3 162	111	5 661	160
63	3 213	112	5 712	161
64	3 264	113	5 763	162
65	3 315	114	5 814	163
66	3 366	115	5 865	164
67	3 417	116	5 916	165
68	3 468	117	5 967	166
69	3 519	118	6 018	167
70	3 570	119	6 069	168
71	3 621	120	6 120	169
72	3 672	121	6 171	170
73	3 723	122	6 222	171
74	3 774	123	6 273	172
75	3 825	124	6 324	173
76	3 876	125	6 375	174
77	3 927	126	6 426	175
78	3 978	127	6 477	176
79	4 029	128	6 528	177
80	4 080	129	6 579	178
81	4 131	130	6 630	179
82	4 182	131	6 681	180
83	4 233	132	6 732	181
84	4 284	133	6 783	182
85	4 335	134	6 834	183
86	4 386	135	6 885	184
87	4 437	136	6 936	185
88	4 488	137	6 987	186
89	4 539	138	7 038	187
90	4 590	139	7 089	188
91	4 641	140	7 140	189
92	4 692	141	7 191	190
93	4 743	142	7 242	191
94	4 794	143	7 293	192
95	4 845	144	7 344	193
96	4 896	145	7 395	194
97	4 947	146	7 446	195
98	4 998	147	7 497	196
99	5 049	148	7 548	197

52					
2	2 704	101	5 252	150	7 800
3	2 756	102	5 304	151	7 852
4	2 808	103	5 356	152	7 904
5	2 860	104	5 408	153	7 956
6	2 912	105	5 460	154	8 008
7	2 964	106	5 512	155	8 060
8	3 016	107	5 564	156	8 112
9	3 068	108	5 616	157	8 164
0	3 120	109	5 668	158	8 216
1	3 172	110	5 720	159	8 268
2	3 224	111	5 772	160	8 320
3	3 276	112	5 824	161	8 372
4	3 328	113	5 876	162	8 424
5	3 380	114	5 928	163	8 476
6	3 432	115	5 980	164	8 528
7	3 484	116	6 032	165	8 580
8	3 536	117	6 084	166	8 632
9	3 588	118	6 136	167	8 684
0	3 640	119	6 188	168	8 736
1	3 692	120	6 240	169	8 788
2	3 744	121	6 292	170	8 840
3	3 796	122	6 344	171	8 892
4	3 848	123	6 396	172	8 944
5	3 900	124	6 448	173	8 996
6	3 952	125	6 500	174	9 048
7	4 004	126	6 552	175	9 100
8	4 056	127	6 604	176	9 152
9	4 108	128	6 656	177	9 204
80	4 160	129	6 708	178	9 256
81	4 212	130	6 760	179	9 308
82	4 264	131	6 812	180	9 360
83	4 316	132	6 864	181	9 412
84	4 368	133	6 916	182	9 464
85	4 420	134	6 968	183	9 516
86	4 472	135	7 020	184	9 568
87	4 524	136	7 072	185	9 620
88	4 576	137	7 124	186	9 672
89	4 628	138	7 176	187	9 724
90	4 680	139	7 228	188	9 776
91	4 732	140	7 280	189	9 828
92	4 784	141	7 332	190	9 880
93	4 836	142	7 384	191	9 932
94	4 888	143	7 436	192	9 984
95	4 940	144	7 488	193	10 036
96	4 992	145	7 540	194	10 088
97	5 044	146	7 592	195	10 140
98	5 096	147	7 644	196	10 192
99	5 148	148	7 696	197	10 244
00	5 200	149	7 748	198	10 296

53					
53	2 809	102	5 406	151	8 003
54	2 862	103	5 459	152	8 056
55	2 915	104	5 512	153	8 109
56	2 968	105	5 565	154	8 162
57	3 021	106	5 618	155	8 215
58	3 074	107	5 671	156	8 268
59	3 127	108	5 724	157	8 321
60	3 180	109	5 777	158	8 374
61	3 233	110	5 830	159	8 427
62	3 286	111	5 883	160	8 480
63	3 339	112	5 936	161	8 533
64	3 392	113	5 989	162	8 586
65	3 445	114	6 042	163	8 639
66	3 498	115	6 095	164	8 692
67	3 551	116	6 148	165	8 745
68	3 604	117	6 201	166	8 798
69	3 657	118	6 254	167	8 851
70	3 710	119	6 307	168	8 904
71	3 763	120	6 360	169	8 957
72	3 816	121	6 413	170	9 010
73	3 869	122	6 466	171	9 063
74	3 922	123	6 519	172	9 116
75	3 975	124	6 572	173	9 169
76	4 028	125	6 625	174	9 222
77	4 081	126	6 678	175	9 275
78	4 134	127	6 731	176	9 328
79	4 187	128	6 784	177	9 381
80	4 240	129	6 837	178	9 434
81	4 293	130	6 890	179	9 487
82	4 346	131	6 943	180	9 540
83	4 399	132	6 996	181	9 593
84	4 452	133	7 049	182	9 646
85	4 505	134	7 102	183	9 699
86	4 558	135	7 155	184	9 752
87	4 611	136	7 208	185	9 805
88	4 664	137	7 261	186	9 858
89	4 717	138	7 314	187	9 911
90	4 770	139	7 367	188	9 964
91	4 823	140	7 420	189	10 017
92	4 876	141	7 473	190	10 070
93	4 929	142	7 526	191	10 123
94	4 982	143	7 579	192	10 176
95	5 035	144	7 632	193	10 229
96	5 088	145	7 685	194	10 282
97	5 141	146	7 738	195	10 335
98	5 194	147	7 791	196	10 388
99	5 247	148	7 844	197	10 441
100	5 300	149	7 897	198	10 494
101	5 353	150	7 950	199	10 547

54					
54	2 916	103	5 562	152	8 208
55	2 970	104	5 616	153	8 262
56	3 024	105	5 670	154	8 316
57	3 078	106	5 724	155	8 370
58	3 132	107	5 778	156	8 424
59	3 186	108	5 832	157	8 478
60	3 240	109	5 886	158	8 532
61	3 294	110	5 940	159	8 586
62	3 348	111	5 994	160	8 640
63	3 402	112	6 048	161	8 694
64	3 456	113	6 102	162	8 748
65	3 510	114	6 156	163	8 802
66	3 564	115	6 210	164	8 856
67	3 618	116	6 264	165	8 910
68	3 672	117	6 318	166	8 964
69	3 726	118	6 372	167	9 018
70	3 780	119	6 426	168	9 072
71	3 834	120	6 480	169	9 126
72	3 888	121	6 534	170	9 180
73	3 942	122	6 588	171	9 234
74	3 996	123	6 642	172	9 288
75	4 050	124	6 696	173	9 342
76	4 104	125	6 750	174	9 396
77	4 158	126	6 804	175	9 450
78	4 212	127	6 858	176	9 504
79	4 266	128	6 912	177	9 558
80	4 320	129	6 966	178	9 612
81	4 374	130	7 020	179	9 666
82	4 428	131	7 074	180	9 720
83	4 482	132	7 128	181	9 774
84	4 536	133	7 182	182	9 828
85	4 590	134	7 236	183	9 882
86	4 644	135	7 290	184	9 936
87	4 698	136	7 344	185	9 990
88	4 752	137	7 398	186	10 044
89	4 806	138	7 452	187	10 098
90	4 860	139	7 506	188	10 152
91	4 914	140	7 560	189	10 206
92	4 968	141	7 614	190	10 260
93	5 022	142	7 668	191	10 314
94	5 076	143	7 722	192	10 368
95	5 130	144	7 776	193	10 422
96	5 184	145	7 830	194	10 476
97	5 238	146	7 884	195	10 530
98	5 292	147	7 938	196	10 584
99	5 346	148	7 992	197	10 638
100	5 400	149	8 046	198	10 692
101	5 454	150	8 100	199	10 746
102	5 508	151	8 154	200	10 800

55					
55	3 025	104	5 720	153	8 415
56	3 080	105	5 775	154	8 470
57	3 135	106	5 830	155	8 525
58	3 190	107	5 885	156	8 580
59	3 245	108	5 940	157	8 635
60	3 300	109	5 995	158	8 690
61	3 355	110	6 050	159	8 745
62	3 410	111	6 105	160	8 800
63	3 465	112	6 160	161	8 855
64	3 520	113	6 215	162	8 910
65	3 575	114	6 270	163	8 965
66	3 630	115	6 325	164	9 020
67	3 685	116	6 380	165	9 075
68	3 740	117	6 435	166	9 130
69	3 795	118	6 490	167	9 185
70	3 850	119	6 545	168	9 240
71	3 905	120	6 600	169	9 295
72	3 960	121	6 655	170	9 350
73	4 015	122	6 710	171	9 405
74	4 070	123	6 765	172	9 460
75	4 125	124	6 820	173	9 515
76	4 180	125	6 875	174	9 570
77	4 235	126	6 930	175	9 625
78	4 290	127	6 985	176	9 680
79	4 345	128	7 040	177	9 735
80	4 400	129	7 095	178	9 790
81	4 455	130	7 150	179	9 845
82	4 510	131	7 205	180	9 900
83	4 565	132	7 260	181	9 955
84	4 620	133	7 315	182	10 010
85	4 675	134	7 370	183	10 065
86	4 730	135	7 425	184	10 120
87	4 785	136	7 480	185	10 175
88	4 840	137	7 535	186	10 230
89	4 895	138	7 590	187	10 285
90	4 950	139	7 645	188	10 340
91	5 005	140	7 700	189	10 395
92	5 060	141	7 755	190	10 450
93	5 115	142	7 810	191	10 505
94	5 170	143	7 865	192	10 560
95	5 225	144	7 920	193	10 615
96	5 280	145	7 975	194	10 670
97	5 335	146	8 030	195	10 725
98	5 390	147	8 085	196	10 780
99	5 445	148	8 140	197	10 835
100	5 500	149	8 195	198	10 890
101	5 555	150	8 250	199	10 945
102	5 610	151	8 305	200	11 000
103	5 665	152	8 360	201	11 055

56					
56	3 136	105	5 880	154	8 624
57	3 192	106	5 936	155	8 680
58	3 248	107	5 992	156	8 736
59	3 304	108	6 048	157	8 792
60	3 360	109	6 104	158	8 848
61	3 416	110	6 160	159	8 904
62	3 472	111	6 216	160	8 960
63	3 528	112	6 272	161	9 016
64	3 584	113	6 328	162	9 072
65	3 640	114	6 384	163	9 128
66	3 696	115	6 440	164	9 184
67	3 752	116	6 496	165	9 240
68	3 808	117	6 552	166	9 296
69	3 864	118	6 608	167	9 352
70	3 920	119	6 664	168	9 408
71	3 976	120	6 720	169	9 464
72	4 032	121	6 776	170	9 520
73	4 088	122	6 832	171	9 576
74	4 144	123	6 888	172	9 632
75	4 200	124	6 944	173	9 688
76	4 256	125	7 000	174	9 744
77	4 312	126	7 056	175	9 800
78	4 368	127	7 112	176	9 856
79	4 424	128	7 168	177	9 912
80	4 480	129	7 224	178	9 968
81	4 536	130	7 280	179	10 024
82	4 592	131	7 336	180	10 080
83	4 648	132	7 392	181	10 136
84	4 704	133	7 448	182	10 192
85	4 760	134	7 504	183	10 248
86	4 816	135	7 560	184	10 304
87	4 872	136	7 616	185	10 360
88	4 928	137	7 672	186	10 416
89	4 984	138	7 728	187	10 472
90	5 040	139	7 784	188	10 528
91	5 096	140	7 840	189	10 584
92	5 152	141	7 896	190	10 640
93	5 208	142	7 952	191	10 696
94	5 264	143	8 008	192	10 752
95	5 320	144	8 064	193	10 808
96	5 376	145	8 120	194	10 864
97	5 432	146	8 176	195	10 920
98	5 488	147	8 232	196	10 976
99	5 544	148	8 288	197	11 032
100	5 600	149	8 344	198	11 088
101	5 656	150	8 400	199	11 144
102	5 712	151	8 456	200	11 200
103	5 768	152	8 512	201	11 256
104	5 824	153	8 568	202	11 312

57					
57	3 249	106	6 042	155	8
58	3 306	107	6 099	156	8
59	3 363	108	6 156	157	8
60	3 420	109	6 213	158	9
61	3 477	110	6 270	159	9
62	3 534	111	6 327	160	9
63	3 591	112	6 384	161	9
64	3 648	113	6 441	162	9
65	3 705	114	6 498	163	9
66	3 762	115	6 555	164	9
67	3 819	116	6 612	165	9
68	3 876	117	6 669	166	9
69	3 933	118	6 726	167	9
70	3 990	119	6 783	168	9
71	4 047	120	6 840	169	9
72	4 104	121	6 897	170	9
73	4 161	122	6 954	171	9
74	4 218	123	7 011	172	9
75	4 275	124	7 068	173	9
76	4 332	125	7 125	174	9
77	4 389	126	7 182	175	9
78	4 446	127	7 239	176	10
79	4 503	128	7 296	177	10
80	4 560	129	7 353	178	10
81	4 617	130	7 410	179	10
82	4 674	131	7 467	180	10
83	4 731	132	7 524	181	10
84	4 788	133	7 581	182	10
85	4 845	134	7 638	183	10
86	4 902	135	7 695	184	10
87	4 959	136	7 752	185	10
88	5 016	137	7 809	186	10
89	5 073	138	7 866	187	10
90	5 130	139	7 923	188	10
91	5 187	140	7 980	189	10
92	5 244	141	8 037	190	10
93	5 301	142	8 094	191	10
94	5 358	143	8 151	192	10
95	5 415	144	8 208	193	11
96	5 472	145	8 265	194	11
97	5 529	146	8 322	195	11
98	5 586	147	8 379	196	11
99	5 643	148	8 436	197	11
100	5 700	149	8 493	198	11
101	5 757	150	8 550	199	11
102	5 814	151	8 607	200	11
103	5 871	152	8 664	201	11
104	5 928	153	8 721	202	11
105	5 985	154	8 778	203	11

58

3 364	107	6 206	156	9 048
3 422	108	6 264	157	9 106
3 480	109	6 322	158	9 164
3 538	110	6 380	159	9 222
3 596	111	6 438	160	9 280
3 654	112	6 496	161	9 338
3 712	113	6 554	162	9 396
3 770	114	6 612	163	9 454
3 828	115	6 670	164	9 512
3 886	116	6 728	165	9 570
3 944	117	6 786	166	9 628
4 002	118	6 844	167	9 686
4 060	119	6 902	168	9 744
4 118	120	6 960	169	9 802
4 176	121	7 018	170	9 860
4 234	122	7 076	171	9 918
4 292	123	7 134	172	9 976
4 350	124	7 192	173	10 034
4 408	125	7 250	174	10 092
4 466	126	7 308	175	10 150
4 524	127	7 366	176	10 208
4 582	128	7 424	177	10 266
4 640	129	7 482	178	10 324
4 698	130	7 540	179	10 382
4 756	131	7 598	180	10 440
4 814	132	7 656	181	10 498
4 872	133	7 714	182	10 556
4 930	134	7 772	183	10 614
4 988	135	7 830	184	10 672
5 046	136	7 888	185	10 730
5 104	137	7 946	186	10 788
5 162	138	8 004	187	10 846
5 220	139	8 062	188	10 904
5 278	140	8 120	189	10 962
5 336	141	8 178	190	11 020
5 394	142	8 236	191	11 078
5 452	143	8 294	192	11 136
5 510	144	8 352	193	11 194
5 568	145	8 410	194	11 252
5 626	146	8 468	195	11 310
5 684	147	8 526	196	11 368
5 742	148	8 584	197	11 426
5 800	149	8 642	198	11 484
5 858	150	8 700	199	11 542
5 916	151	8 758	200	11 600
5 974	152	8 816	201	11 658
6 032	153	8 874	202	11 716
6 090	154	8 932	203	11 774
6 148	155	8 990	204	11 832

59

59	3 481	108	6 372	157	9 263
60	3 540	109	6 431	158	9 322
61	3 599	110	6 490	159	9 381
62	3 658	111	6 549	160	9 440
63	3 717	112	6 608	161	9 499
64	3 776	113	6 667	162	9 558
65	3 835	114	6 726	163	9 617
66	3 894	115	6 785	164	9 676
67	3 953	116	6 844	165	9 735
68	4 012	117	6 903	166	9 794
69	4 071	118	6 962	167	9 853
70	4 130	119	7 021	168	9 912
71	4 189	120	7 080	169	9 971
72	4 248	121	7 139	170	10 030
73	4 307	122	7 198	171	10 089
74	4 366	123	7 257	172	10 148
75	4 425	124	7 316	173	10 207
76	4 484	125	7 375	174	10 266
77	4 543	126	7 434	175	10 325
78	4 602	127	7 493	176	10 384
79	4 661	128	7 552	177	10 443
80	4 720	129	7 611	178	10 502
81	4 779	130	7 670	179	10 561
82	4 838	131	7 729	180	10 620
83	4 897	132	7 788	181	10 679
84	4 956	133	7 847	182	10 738
85	5 015	134	7 906	183	10 797
86	5 074	135	7 965	184	10 856
87	5 133	136	8 024	185	10 915
88	5 192	137	8 083	186	10 974
89	5 251	138	8 142	187	11 033
90	5 310	139	8 201	188	11 092
91	5 369	140	8 260	189	11 151
92	5 428	141	8 319	190	11 210
93	5 487	142	8 378	191	11 269
94	5 546	143	8 437	192	11 328
95	5 605	144	8 496	193	11 387
96	5 664	145	8 555	194	11 446
97	5 723	146	8 614	195	11 505
98	5 782	147	8 673	196	11 564
99	5 841	148	8 732	197	11 623
100	5 900	149	8 791	198	11 682
101	5 959	150	8 850	199	11 741
102	6 018	151	8 909	200	11 800
103	6 077	152	8 968	201	11 859
104	6 136	153	9 027	202	11 918
105	6 195	154	9 086	203	11 977
106	6 254	155	9 145	204	12 036
107	6 313	156	9 204	205	12 095

60

60	3 600	109	6 540	158	9 480
61	3 660	110	6 600	159	9 540
62	3 720	111	6 660	160	9 600
63	3 780	112	6 720	161	9 660
64	3 840	113	6 780	162	9 720
65	3 900	114	6 840	163	9 780
66	3 960	115	6 900	164	9 840
67	4 020	116	6 960	165	9 900
68	4 080	117	7 020	166	9 960
69	4 140	118	7 080	167	10 020
70	4 200	119	7 140	168	10 080
71	4 260	120	7 200	169	10 140
72	4 320	121	7 260	170	10 200
73	4 380	122	7 320	171	10 260
74	4 440	123	7 380	172	10 320
75	4 500	124	7 440	173	10 380
76	4 560	125	7 500	174	10 440
77	4 620	126	7 560	175	10 500
78	4 680	127	7 620	176	10 560
79	4 740	128	7 680	177	10 620
80	4 800	129	7 740	178	10 680
81	4 860	130	7 800	179	10 740
82	4 920	131	7 860	180	10 800
83	4 980	132	7 920	181	10 860
84	5 040	133	7 980	182	10 920
85	5 100	134	8 040	183	10 980
86	5 160	135	8 100	184	11 040
87	5 220	136	8 160	185	11 100
88	5 280	137	8 220	186	11 160
89	5 340	138	8 280	187	11 220
90	5 400	139	8 340	188	11 280
91	5 460	140	8 400	189	11 340
92	5 520	141	8 460	190	11 400
93	5 580	142	8 520	191	11 460
94	5 640	143	8 580	192	11 520
95	5 700	144	8 640	193	11 580
96	5 760	145	8 700	194	11 640
97	5 820	146	8 760	195	11 700
98	5 880	147	8 820	196	11 760
99	5 940	148	8 880	197	11 820
100	6 000	149	8 940	198	11 880
101	6 060	150	9 000	199	11 940
102	6 120	151	9 060	200	12 000
103	6 180	152	9 120	201	12 060
104	6 240	153	9 180	202	12 120
105	6 300	154	9 240	203	12 180
106	6 360	155	9 300	204	12 240
107	6 420	156	9 360	205	12 300
108	6 480	157	9 420	206	12 360

61					
61	3 721	110	6 710	159	9 699
62	3 782	111	6 771	160	9 760
63	3 843	112	6 832	161	9 821
64	3 904	113	6 893	162	9 882
65	3 965	114	6 954	163	9 943
66	4 026	115	7 015	164	10 004
67	4 087	116	7 076	165	10 065
68	4 148	117	7 137	166	10 126
69	4 209	118	7 198	167	10 187
70	4 270	119	7 259	168	10 248
71	4 331	120	7 320	169	10 309
72	4 392	121	7 381	170	10 370
73	4 453	122	7 442	171	10 431
74	4 514	123	7 503	172	10 492
75	4 575	124	7 564	173	10 553
76	4 636	125	7 625	174	10 614
77	4 697	126	7 686	175	10 675
78	4 758	127	7 747	176	10 736
79	4 819	128	7 808	177	10 797
80	4 880	129	7 869	178	10 858
81	4 941	130	7 930	179	10 919
82	5 002	131	7 991	180	10 980
83	5 063	132	8 052	181	11 041
84	5 124	133	8 113	182	11 102
85	5 185	134	8 174	183	11 163
86	5 246	135	8 235	184	11 224
87	5 307	136	8 296	185	11 285
88	5 368	137	8 357	186	11 346
89	5 429	138	8 418	187	11 407
90	5 490	139	8 479	188	11 468
91	5 551	140	8 540	189	11 529
92	5 612	141	8 601	190	11 590
93	5 673	142	8 662	191	11 651
94	5 734	143	8 723	192	11 712
95	5 795	144	8 784	193	11 773
96	5 856	145	8 845	194	11 834
97	5 917	146	8 906	195	11 895
98	5 978	147	8 967	196	11 956
99	6 039	148	9 028	197	12 017
100	6 100	149	9 089	198	12 078
101	6 161	150	9 150	199	12 139
102	6 222	151	9 211	200	12 200
103	6 283	152	9 272	201	12 261
104	6 344	153	9 333	202	12 322
105	6 405	154	9 394	203	12 383
106	6 466	155	9 455	204	12 444
107	6 527	156	9 516	205	12 505
108	6 588	157	9 577	206	12 566
109	6 649	158	9 638	207	12 627

62					
62	3 844	111	6 882	160	9 920
63	3 906	112	6 944	161	9 982
64	3 968	113	7 006	162	10 044
65	4 030	114	7 068	163	10 106
66	4 092	115	7 130	164	10 168
67	4 154	116	7 192	165	10 230
68	4 216	117	7 254	166	10 292
69	4 278	118	7 316	167	10 354
70	4 340	119	7 378	168	10 416
71	4 402	120	7 440	169	10 478
72	4 464	121	7 502	170	10 540
73	4 526	122	7 564	171	10 602
74	4 588	123	7 626	172	10 664
75	4 650	124	7 688	173	10 726
76	4 712	125	7 750	174	10 788
77	4 774	126	7 812	175	10 850
78	4 836	127	7 874	176	10 912
79	4 898	128	7 936	177	10 974
80	4 960	129	7 998	178	11 036
81	5 022	130	8 060	179	11 098
82	5 084	131	8 122	180	11 160
83	5 146	132	8 184	181	11 222
84	5 208	133	8 246	182	11 284
85	5 270	134	8 308	183	11 346
86	5 332	135	8 370	184	11 408
87	5 394	136	8 432	185	11 470
88	5 456	137	8 494	186	11 532
89	5 518	138	8 556	187	11 594
90	5 580	139	8 618	188	11 656
91	5 642	140	8 680	189	11 718
92	5 704	141	8 742	190	11 780
93	5 766	142	8 804	191	11 842
94	5 828	143	8 866	192	11 904
95	5 890	144	8 928	193	11 966
96	5 952	145	8 990	194	12 028
97	6 014	146	9 052	195	12 090
98	6 076	147	9 114	196	12 152
99	6 138	148	9 176	197	12 214
100	6 200	149	9 238	198	12 276
101	6 262	150	9 300	199	12 338
102	6 324	151	9 362	200	12 400
103	6 386	152	9 424	201	12 462
104	6 448	153	9 486	202	12 524
105	6 510	154	9 548	203	12 586
106	6 572	155	9 610	204	12 648
107	6 634	156	9 672	205	12 710
108	6 696	157	9 734	206	12 772
109	6 758	158	9 796	207	12 834
110	6 820	159	9 858	208	12 896

63				
63	3 969	112	7 056	161
64	4 032	113	7 119	162
65	4 095	114	7 182	163
66	4 158	115	7 245	164
67	4 221	116	7 308	165
68	4 284	117	7 371	166
69	4 347	118	7 434	167
70	4 410	119	7 497	168
71	4 473	120	7 560	169
72	4 536	121	7 623	170
73	4 599	122	7 686	171
74	4 662	123	7 749	172
75	4 725	124	7 812	173
76	4 788	125	7 875	174
77	4 851	126	7 938	175
78	4 914	127	8 001	176
79	4 977	128	8 064	177
80	5 040	129	8 127	178
81	5 103	130	8 190	179
82	5 166	131	8 253	180
83	5 229	132	8 316	181
84	5 292	133	8 379	182
85	5 355	134	8 442	183
86	5 418	135	8 505	184
87	5 481	136	8 568	185
88	5 544	137	8 631	186
89	5 607	138	8 694	187
90	5 670	139	8 757	188
91	5 733	140	8 820	189
92	5 796	141	8 883	190
93	5 859	142	8 946	191
94	5 922	143	9 009	192
95	5 985	144	9 072	193
96	6 048	145	9 135	194
97	6 111	146	9 198	195
98	6 174	147	9 261	196
99	6 237	148	9 324	197
100	6 300	149	9 387	198
101	6 363	150	9 450	199
102	6 426	151	9 513	200
103	6 489	152	9 576	201
104	6 552	153	9 639	202
105	6 615	154	9 702	203
106	6 678	155	9 765	204
107	6 741	156	9 828	205
108	6 804	157	9 891	206
109	6 867	158	9 954	207
110	6 930	159	10 017	208
111	6 993	160	10 080	209

64					65						66					
4 096	113	7 232	162	10 368	65	4 225	114	7 410	163	10 595	66	4 356	115	7 590	164	10 824
4 160	114	7 296	163	10 432	66	4 290	115	7 475	164	10 660	67	4 422	116	7 656	165	10 890
4 224	115	7 360	164	10 496	67	4 355	116	7 540	165	10 725	68	4 488	117	7 722	166	10 956
4 288	116	7 424	165	10 560	68	4 420	117	7 605	166	10 790	69	4 554	118	7 788	167	11 022
4 352	117	7 488	166	10 624	69	4 485	118	7 670	167	10 855	70	4 620	119	7 854	168	11 088
4 416	118	7 552	167	10 688	70	4 550	119	7 735	168	10 920	71	4 686	120	7 920	169	11 154
4 480	119	7 616	168	10 752	71	4 615	120	7 800	169	10 985	72	4 752	121	7 986	170	11 220
4 544	120	7 680	169	10 816	72	4 680	121	7 865	170	11 050	73	4 818	122	8 052	171	11 286
4 608	121	7 744	170	10 880	73	4 745	122	7 930	171	11 115	74	4 884	123	8 118	172	11 352
4 672	122	7 808	171	10 944	74	4 810	123	7 995	172	11 180	75	4 950	124	8 184	173	11 418
4 736	123	7 872	172	11 008	75	4 875	124	8 060	173	11 245	76	5 016	125	8 250	174	11 484
4 800	124	7 936	173	11 072	76	4 940	125	8 125	174	11 310	77	5 082	126	8 316	175	11 550
4 864	125	8 000	174	11 136	77	5 005	126	8 190	175	11 375	78	5 148	127	8 382	176	11 616
4 928	126	8 064	175	11 200	78	5 070	127	8 255	176	11 440	79	5 214	128	8 448	177	11 682
4 992	127	8 128	176	11 264	79	5 135	128	8 320	177	11 505	80	5 280	129	8 514	178	11 748
5 056	128	8 192	177	11 328	80	5 200	129	8 385	178	11 570	81	5 346	130	8 580	179	11 814
5 120	129	8 256	178	11 392	81	5 265	130	8 450	179	11 635	82	5 412	131	8 646	180	11 880
5 184	130	8 320	179	11 456	82	5 330	131	8 515	180	11 700	83	5 478	132	8 712	181	11 946
5 248	131	8 384	180	11 520	83	5 395	132	8 580	181	11 765	84	5 544	133	8 778	182	12 012
5 312	132	8 448	181	11 584	84	5 460	133	8 645	182	11 830	85	5 610	134	8 844	183	12 078
5 376	133	8 512	182	11 648	85	5 525	134	8 710	183	11 895	86	5 676	135	8 910	184	12 144
5 440	134	8 576	183	11 712	86	5 590	135	8 775	184	11 960	87	5 742	136	8 976	185	12 210
5 504	135	8 640	184	11 776	87	5 655	136	8 840	185	12 025	88	5 808	137	9 042	186	12 276
5 568	136	8 704	185	11 840	88	5 720	137	8 905	186	12 090	89	5 874	138	9 108	187	12 342
5 632	137	8 768	186	11 904	89	5 785	138	8 970	187	12 155	90	5 940	139	9 174	188	12 408
5 696	138	8 832	187	11 968	90	5 850	139	9 035	188	12 220	91	6 006	140	9 240	189	12 474
5 760	139	8 896	188	12 032	91	5 915	140	9 100	189	12 285	92	6 072	141	9 306	190	12 540
5 824	140	8 960	189	12 096	92	5 980	141	9 165	190	12 350	93	6 138	142	9 372	191	12 606
5 888	141	9 024	190	12 160	93	6 045	142	9 230	191	12 415	94	6 204	143	9 438	192	12 672
5 952	142	9 088	191	12 224	94	6 110	143	9 295	192	12 480	95	6 270	144	9 504	193	12 738
6 016	143	9 152	192	12 288	95	6 175	144	9 360	193	12 545	96	6 336	145	9 570	194	12 804
6 080	144	9 216	193	12 352	96	6 240	145	9 425	194	12 610	97	6 402	146	9 636	195	12 870
6 144	145	9 280	194	12 416	97	6 305	146	9 490	195	12 675	98	6 468	147	9 702	196	12 936
6 208	146	9 344	195	12 480	98	6 370	147	9 555	196	12 740	99	6 534	148	9 768	197	13 002
6 272	147	9 408	196	12 544	99	6 435	148	9 620	197	12 805	100	6 600	149	9 834	198	13 068
6 336	148	9 472	197	12 608	100	6 500	149	9 685	198	12 870	101	6 666	150	9 900	199	13 134
6 400	149	9 536	198	12 672	101	6 565	150	9 750	199	12 935	102	6 732	151	9 966	200	13 200
6 464	150	9 600	199	12 736	102	6 630	151	9 815	200	13 000	103	6 798	152	10 032	201	13 266
6 528	151	9 664	200	12 800	103	6 695	152	9 880	201	13 065	104	6 864	153	10 098	202	13 332
6 592	152	9 728	201	12 864	104	6 760	153	9 945	202	13 130	105	6 930	154	10 164	203	13 398
6 656	153	9 792	202	12 928	105	6 825	154	10 010	203	13 195	106	6 996	155	10 230	204	13 464
6 720	154	9 856	203	12 992	106	6 890	155	10 075	204	13 260	107	7 062	156	10 296	205	13 530
6 784	155	9 920	204	13 056	107	6 955	156	10 140	205	13 325	108	7 128	157	10 362	206	13 596
6 848	156	9 984	205	13 120	108	7 020	157	10 205	206	13 390	109	7 194	158	10 428	207	13 662
6 912	157	10 048	206	13 184	109	7 085	158	10 270	207	13 455	110	7 260	159	10 494	208	13 728
6 976	158	10 112	207	13 248	110	7 150	159	10 335	208	13 520	111	7 326	160	10 560	209	13 794
7 040	159	10 176	208	13 312	111	7 215	160	10 400	209	13 585	112	7 392	161	10 626	210	13 860
7 104	160	10 240	209	13 376	112	7 280	161	10 465	210	13 650	113	7 458	162	10 692	211	13 926
7 168	161	10 304	210	13 440	113	7 345	162	10 530	211	13 715	114	7 524	163	10 758	212	13 992

67							68							69						
67	4	489	116	7 772	165	11 055	68	4	624	117	7 956	166	11 288	69	4	761	118	8 142	167	11
68	4	556	117	7 839	166	11 122	69	4	692	118	8 024	167	11 356	70	4	830	119	8 211	168	11
69	4	623	118	7 906	167	11 189	70	4	760	119	8 092	168	11 424	71	4	899	120	8 280	169	11
70	4	690	119	7 973	168	11 256	71	4	828	120	8 160	169	11 492	72	4	968	121	8 349	170	11
71	4	757	120	8 040	169	11 323	72	4	896	121	8 228	170	11 560	73	5	037	122	8 418	171	11
72	4	824	121	8 107	170	11 390	73	4	964	122	8 296	171	11 628	74	5	106	123	8 487	172	11
73	4	891	122	8 174	171	11 457	74	5	032	123	8 364	172	11 696	75	5	175	124	8 556	173	11
74	4	958	123	8 241	172	11 524	75	5	100	124	8 432	173	11 764	76	5	244	125	8 625	174	12
75	5	025	124	8 308	173	11 591	76	5	168	125	8 500	174	11 832	77	5	313	126	8 694	175	12
76	5	092	125	8 375	174	11 658	77	5	236	126	8 568	175	11 900	78	5	382	127	8 763	176	12
77	5	159	126	8 442	175	11 725	78	5	304	127	8 636	176	11 968	79	5	451	128	8 832	177	12
78	5	226	127	8 509	176	11 792	79	5	372	128	8 704	177	12 036	80	5	520	129	8 901	178	12
79	5	293	128	8 576	177	11 859	80	5	440	129	8 772	178	12 104	81	5	589	130	8 970	179	12
80	5	360	129	8 643	178	11 926	81	5	508	130	8 840	179	12 172	82	5	658	131	9 039	180	12
81	5	427	130	8 710	179	11 993	82	5	576	131	8 908	180	12 240	83	5	727	132	9 108	181	12
82	5	494	131	8 777	180	12 060	83	5	644	132	8 976	181	12 308	84	5	796	133	9 177	182	12
83	5	561	132	8 844	181	12 127	84	5	712	133	9 044	182	12 376	85	5	865	134	9 246	183	12
84	5	628	133	8 911	182	12 194	85	5	780	134	9 112	183	12 444	86	5	934	135	9 315	184	12
85	5	695	134	8 978	183	12 261	86	5	848	135	9 180	184	12 512	87	6	003	136	9 384	185	12
86	5	762	135	9 045	184	12 328	87	5	916	136	9 248	185	12 580	88	6	072	137	9 453	186	12
87	5	829	136	9 112	185	12 395	88	5	984	137	9 316	186	12 648	89	6	141	138	9 522	187	12
88	5	896	137	9 179	186	12 462	89	6	052	138	9 384	187	12 716	90	6	210	139	9 591	188	12
89	5	963	138	9 246	187	12 529	90	6	120	139	9 452	188	12 784	91	6	279	140	9 660	189	13
90	6	030	139	9 313	188	12 596	91	6	188	140	9 520	189	12 852	92	6	348	141	9 729	190	13
91	6	097	140	9 380	189	12 663	92	6	256	141	9 588	190	12 920	93	6	417	142	9 798	191	13
92	6	164	141	9 447	190	12 730	93	6	324	142	9 656	191	12 988	94	6	486	143	9 867	192	13
93	6	231	142	9 514	191	12 797	94	6	392	143	9 724	192	13 056	95	6	555	144	9 936	193	13
94	6	298	143	9 581	192	12 864	95	6	460	144	9 792	193	13 124	96	6	624	145	10 005	194	13
95	6	365	144	9 648	193	12 931	96	6	528	145	9 860	194	13 192	97	6	693	146	10 074	195	13
96	6	432	145	9 715	194	12 998	97	6	596	146	9 928	195	13 260	98	6	762	147	10 143	196	13
97	6	499	146	9 782	195	13 065	98	6	664	147	9 996	196	13 328	99	6	831	148	10 212	197	13
98	6	566	147	9 849	196	13 132	99	6	732	148	10 064	197	13 396	100	6	900	149	10 281	198	13
99	6	633	148	9 916	197	13 199	100	6	800	149	10 132	198	13 464	101	6	969	150	10 350	199	13
100	6	700	149	9 983	198	13 266	101	6	868	150	10 200	199	13 532	102	7	038	151	10 419	200	13
101	6	767	150	10 050	199	13 333	102	6	936	151	10 268	200	13 600	103	7	107	152	10 488	201	13
102	6	834	151	10 117	200	13 400	103	7	004	152	10 336	201	13 668	104	7	176	153	10 557	202	13
103	6	901	152	10 184	201	13 467	104	7	072	153	10 404	202	13 736	105	7	245	154	10 626	203	14
104	6	968	153	10 251	202	13 534	105	7	140	154	10 472	203	13 804	106	7	314	155	10 695	204	14
105	7	035	154	10 318	203	13 601	106	7	208	155	10 540	204	13 872	107	7	383	156	10 764	205	14
106	7	102	155	10 385	204	13 668	107	7	276	156	10 608	205	13 940	108	7	452	157	10 833	206	14
107	7	169	156	10 452	205	13 735	108	7	344	157	10 676	206	14 008	109	7	521	158	10 902	207	14
108	7	236	157	10 519	206	13 802	109	7	412	158	10 744	207	14 076	110	7	590	159	10 971	208	14
109	7	303	158	10 586	207	13 869	110	7	480	159	10 812	208	14 144	111	7	659	160	11 040	209	14
110	7	370	159	10 653	208	13 936	111	7	548	160	10 880	219	14 212	112	7	728	161	11 109	210	14
111	7	437	160	10 720	209	14 003	112	7	616	161	10 948	210	14 280	113	7	797	162	11 178	211	14
112	7	504	161	10 787	210	14 070	113	7	684	162	11 016	211	14 348	114	7	866	163	11 247	212	14
113	7	571	162	10 854	211	14 137	114	7	752	163	11 084	212	14 416	115	7	935	164	11 316	213	14
114	7	638	163	10 921	212	14 204	115	7	820	164	11 152	213	14 484	116	8	004	165	11 385	214	14
115	7	705	164	10 988	213	14 271	116	7	888	165	11 220	214	14 552	117	8	073	166	11 454	215	14

70						
0	4	900	119	8 330	168	11 760
1	4	970	120	8 400	169	11 830
2	5	040	121	8 470	170	11 900
3	5	110	122	8 540	171	11 970
4	5	180	123	8 610	172	12 040
5	5	250	124	8 680	173	12 110
6	5	320	125	8 750	174	12 180
7	5	390	126	8 820	175	12 250
8	5	460	127	8 890	176	12 320
9	5	530	128	8 960	177	12 390
0	5	600	129	9 030	178	12 460
1	5	670	130	9 100	179	12 530
2	5	740	131	9 170	180	12 600
3	5	810	132	9 240	181	12 670
4	5	880	133	9 310	182	12 740
5	5	950	134	9 380	183	12 810
6	6	020	135	9 450	184	12 880
7	6	090	136	9 520	185	12 950
8	6	160	137	9 590	186	13 020
9	6	230	138	9 660	187	13 090
0	6	300	139	9 730	188	13 160
1	6	370	140	9 800	189	13 230
2	6	440	141	9 870	190	13 300
3	6	510	142	9 940	191	13 370
4	6	580	143	10 010	192	13 440
5	6	650	144	10 080	193	13 510
6	6	720	145	10 150	194	13 580
7	6	790	146	10 220	195	13 650
8	6	860	147	10 290	196	13 720
9	6	930	148	10 360	197	13 790
0	7	000	149	10 430	198	13 860
1	7	070	150	10 500	199	13 930
2	7	140	151	10 570	200	14 000
3	7	210	152	10 640	201	14 070
4	7	280	153	10 710	202	14 140
5	7	350	154	10 780	203	14 210
6	7	420	155	10 850	204	14 280
7	7	490	156	10 920	205	14 350
8	7	560	157	10 990	206	14 420
9	7	630	158	11 060	207	14 490
0	7	700	159	11 130	208	14 560
1	7	770	160	11 200	209	14 630
2	7	840	161	11 270	210	14 700
3	7	910	162	11 340	211	14 770
4	7	980	163	11 410	212	14 840
5	8	050	164	11 480	213	14 910
6	8	120	165	11 550	214	14 980
7	8	190	166	11 620	215	15 050
8	8	260	167	11 690	216	15 120

71						
71	5	041	120	8 520	169	11 999
72	5	112	121	8 591	170	12 070
73	5	183	122	8 662	171	12 141
74	5	254	123	8 733	172	12 212
75	5	325	124	8 804	173	12 283
76	5	396	125	8 875	174	12 354
77	5	467	126	8 946	175	12 425
78	5	538	127	9 017	176	12 496
79	5	609	128	9 088	177	12 567
80	5	680	129	9 159	178	12 638
81	5	751	130	9 230	179	12 709
82	5	822	131	9 301	180	12 780
83	5	893	132	9 372	181	12 851
84	5	964	133	9 443	182	12 922
85	6	035	134	9 514	183	12 993
86	6	106	135	9 585	184	13 064
87	6	177	136	9 656	185	13 135
88	6	248	137	9 727	186	13 206
89	6	319	138	9 798	187	13 277
90	6	390	139	9 869	188	13 348
91	6	461	140	9 940	189	13 419
92	6	532	141	10 011	190	13 490
93	6	603	142	10 082	191	13 561
94	6	674	143	10 153	192	13 632
95	6	745	144	10 224	193	13 703
96	6	816	145	10 295	194	13 774
97	6	887	146	10 366	195	13 845
98	6	958	147	10 437	196	13 916
99	7	029	148	10 508	197	13 987
100	7	100	149	10 579	198	14 058
101	7	171	150	10 650	199	14 129
102	7	242	151	10 721	200	14 200
103	7	313	152	10 792	201	14 271
104	7	384	153	10 863	202	14 342
105	7	455	154	10 934	203	14 413
106	7	526	155	11 005	204	14 484
107	7	597	156	11 076	205	14 555
108	7	668	157	11 147	206	14 626
109	7	739	158	11 218	207	14 697
110	7	810	159	11 289	208	14 768
111	7	881	160	11 360	209	14 839
112	7	952	161	11 431	210	14 910
113	8	023	162	11 502	211	14 981
114	8	094	163	11 573	212	15 052
115	8	165	164	11 644	213	15 123
116	8	236	165	11 715	214	15 194
117	8	307	166	11 786	215	15 265
118	8	378	167	11 857	216	15 336
119	8	449	168	11 928	217	15 407

72						
72	5	184	121	8 712	170	12 240
73	5	256	122	8 784	171	12 312
74	5	328	123	8 856	172	12 384
75	5	400	124	8 928	173	12 456
76	5	472	125	9 000	174	12 528
77	5	544	126	9 072	175	12 600
78	5	616	127	9 144	176	12 672
79	5	688	128	9 216	177	12 744
80	5	760	129	9 288	178	12 816
81	5	832	130	9 360	179	12 888
82	5	904	131	9 432	180	12 960
83	5	976	132	9 504	181	13 032
84	6	048	133	9 576	182	13 104
85	6	120	134	9 648	183	13 176
86	6	192	135	9 720	184	13 248
87	6	264	136	9 792	185	13 320
88	6	336	137	9 864	186	13 392
89	6	408	138	9 936	187	13 464
90	6	480	139	10 008	188	13 536
91	6	552	140	10 080	189	13 608
92	6	624	141	10 152	190	13 680
93	6	696	142	10 224	191	13 752
94	6	768	143	10 296	192	13 824
95	6	840	144	10 368	193	13 896
96	6	912	145	10 440	194	13 968
97	6	984	146	10 512	195	14 040
98	7	056	147	10 584	196	14 112
99	7	128	148	10 656	197	14 184
100	7	200	149	10 728	198	14 256
101	7	272	150	10 800	199	14 328
102	7	344	151	10 872	200	14 400
103	7	416	152	10 944	201	14 472
104	7	488	153	11 016	202	14 544
105	7	560	154	11 088	203	14 616
106	7	632	155	11 160	204	14 688
107	7	704	156	11 232	205	14 760
108	7	776	157	11 304	206	14 832
109	7	848	158	11 376	207	14 904
110	7	920	159	11 448	208	14 976
111	7	992	160	11 520	209	15 048
112	8	064	161	11 592	210	15 120
113	8	136	162	11 664	211	15 192
114	8	208	163	11 736	212	15 264
115	8	280	164	11 808	213	15 336
116	8	352	165	11 880	214	15 408
117	8	424	166	11 952	215	15 480
118	8	496	167	12 024	216	15 552
119	8	568	168	12 096	217	15 624
120	8	640	169	12 168	218	15 696

73						
73	5	329	122	8 906	171	12 483
74	5	402	123	8 979	172	12 556
75	5	475	124	9 052	173	12 629
76	5	548	125	9 125	174	12 702
77	5	621	126	9 198	175	12 775
78	5	694	127	9 271	176	12 848
79	5	767	128	9 344	177	12 921
80	5	840	129	9 417	178	12 994
81	5	913	130	9 490	179	13 067
82	5	986	131	9 563	180	13 140
83	6	059	132	9 636	181	13 213
84	6	132	133	9 709	182	13 286
85	6	205	134	9 782	183	13 359
86	6	278	135	9 855	184	13 432
87	6	351	136	9 928	185	13 505
88	6	424	137	10 001	186	13 578
89	6	497	138	10 074	187	13 651
90	6	570	139	10 147	188	13 724
91	6	643	140	10 220	189	13 797
92	6	716	141	10 293	190	13 870
93	6	789	142	10 366	191	13 943
94	6	862	143	10 439	192	14 016
95	6	935	144	10 512	193	14 089
96	7	008	145	10 585	194	14 162
97	7	081	146	10 658	195	14 235
98	7	154	147	10 731	196	14 308
99	7	227	148	10 804	197	14 381
100	7	300	149	10 877	198	14 454
101	7	373	150	10 950	199	14 527
102	7	446	151	11 023	200	14 600
103	7	519	152	11 096	201	14 673
104	7	592	153	11 169	202	14 746
105	7	665	154	11 242	203	14 819
106	7	738	155	11 315	204	14 892
107	7	811	156	11 388	205	14 965
108	7	884	157	11 461	206	15 038
109	7	957	158	11 534	207	15 111
110	8	030	159	11 607	208	15 184
111	8	103	160	11 680	209	15 257
112	8	176	161	11 753	210	15 330
113	8	249	162	11 826	211	15 403
114	8	322	163	11 899	212	15 476
115	8	395	164	11 972	213	15 549
116	8	468	165	12 045	214	15 622
117	8	541	166	12 118	215	15 695
118	8	614	167	12 191	216	15 768
119	8	687	168	12 264	217	15 841
120	8	760	169	12 337	218	15 914
121	8	833	170	12 410	219	15 987

74						
74	5	476	123	9 102	172	12 728
75	5	550	124	9 176	173	12 802
76	5	624	125	9 250	174	12 876
77	5	698	126	9 324	175	12 950
78	5	772	127	9 398	176	13 024
79	5	846	128	9 472	177	13 098
80	5	920	129	9 546	178	13 172
81	5	994	130	9 620	179	13 246
82	6	068	131	9 694	180	13 320
83	6	142	132	9 768	181	13 394
84	6	216	133	9 842	182	13 468
85	6	290	134	9 916	183	13 542
86	6	364	135	9 990	184	13 616
87	6	438	136	10 064	185	13 690
88	6	512	137	10 138	186	13 764
89	6	586	138	10 212	187	13 838
90	6	660	139	10 286	188	13 912
91	6	734	140	10 360	189	13 986
92	6	808	141	10 434	190	14 060
93	6	882	142	10 508	191	14 134
94	6	956	143	10 582	192	14 208
95	7	030	144	10 656	193	14 282
96	7	104	145	10 730	194	14 356
97	7	178	146	10 804	195	14 430
98	7	252	147	10 878	196	14 504
99	7	326	148	10 952	197	14 578
100	7	400	149	11 026	198	14 652
101	7	474	150	11 100	199	14 726
102	7	548	151	11 174	200	14 800
103	7	622	152	11 248	201	14 874
104	7	696	153	11 322	202	14 948
105	7	770	154	11 396	203	15 022
106	7	844	155	11 470	204	15 096
107	7	918	156	11 544	205	15 170
108	7	992	157	11 618	206	15 244
109	8	066	158	11 692	207	15 318
110	8	140	159	11 766	208	15 392
111	8	214	160	11 840	209	15 466
112	8	288	161	11 914	210	15 540
113	8	362	162	11 988	211	15 614
114	8	436	163	12 062	212	15 688
115	8	510	164	12 136	213	15 762
116	8	584	165	12 210	214	15 836
117	8	658	166	12 284	215	15 910
118	8	732	167	12 358	216	15 984
119	8	806	168	12 432	217	16 058
120	8	880	169	12 506	218	16 132
121	8	954	170	12 580	219	16 206
122	9	028	171	12 654	220	16 280

75						
75	5	625	124	9 300	173	12 9
76	5	700	125	9 375	174	13
77	5	775	126	9 450	175	13
78	5	850	127	9 525	176	13
79	5	925	128	9 600	177	13
80	6	000	129	9 675	178	13
81	6	075	130	9 750	179	13
82	6	150	131	9 825	180	13
83	6	225	132	9 900	181	13
84	6	300	133	9 975	182	13
85	6	375	134	10 050	183	13
86	6	450	135	10 125	184	13
87	6	525	136	10 200	185	13
88	6	600	137	10 275	186	13
89	6	675	138	10 350	187	14
90	6	750	139	10 425	188	14
91	6	825	140	10 500	189	14
92	6	900	141	10 575	190	14
93	6	975	142	10 650	191	14
94	7	050	143	10 725	192	14
95	7	125	144	10 800	193	14
96	7	200	145	10 875	194	14
97	7	275	146	10 950	195	14
98	7	350	147	11 025	196	14
99	7	425	148	11 100	197	14
100	7	500	149	11 175	198	14
101	7	575	150	11 250	199	14
102	7	650	151	11 325	200	15
103	7	725	152	11 400	201	15
104	7	800	153	11 475	202	15
105	7	875	154	11 550	203	15
106	7	950	155	11 625	204	15
107	8	025	156	11 700	205	15
108	8	100	157	11 775	206	15
109	8	175	158	11 850	207	15
110	8	250	159	11 925	208	15
111	8	325	160	12 000	209	15
112	8	400	161	12 075	210	15
113	8	475	162	12 150	211	15
114	8	550	163	12 225	212	15
115	8	625	164	12 300	213	15
116	8	700	165	12 375	214	16
117	8	775	166	12 450	215	16
118	8	850	167	12 525	216	16
119	8	925	168	12 600	217	16
120	9	000	169	12 675	218	16
121	9	075	170	12 750	219	16
122	9	150	171	12 825	220	16
123	9	225	172	12 900	221	16

76						77						78					
76	5 776	125	9 500	174	13 224	77	5 929	126	9 702	175	13 475	78	6 084	127	9 906	176	13 728
77	5 852	126	9 576	175	13 300	78	6 006	127	9 779	176	13 552	79	6 162	128	9 984	177	13 806
78	5 928	127	9 652	176	13 376	79	6 083	128	9 856	177	13 629	80	6 240	129	10 062	178	13 884
79	6 004	128	9 728	177	13 452	80	6 160	129	9 933	178	13 706	81	6 318	130	10 140	179	13 962
80	6 080	129	9 804	178	13 528	81	6 237	130	10 010	179	13 783	82	6 396	131	10 218	180	14 040
81	6 156	130	9 880	179	13 604	82	6 314	131	10 087	180	13 860	83	6 474	132	10 296	181	14 118
82	6 232	131	9 956	180	13 680	83	6 391	132	10 164	181	13 937	84	6 552	133	10 374	182	14 196
83	6 308	132	10 032	181	13 756	84	6 468	133	10 241	182	14 014	85	6 630	134	10 452	183	14 274
84	6 384	133	10 108	182	13 832	85	6 545	134	10 318	183	14 091	86	6 708	135	10 530	184	14 352
85	6 460	134	10 184	183	13 908	86	6 622	135	10 395	184	14 168	87	6 786	136	10 608	185	14 430
86	6 536	135	10 260	184	13 984	87	6 699	136	10 472	185	14 245	88	6 864	137	10 686	186	14 508
87	6 612	136	10 336	185	14 060	88	6 776	137	10 549	186	14 322	89	6 942	138	10 764	187	14 586
88	6 688	137	10 412	186	14 136	89	6 853	138	10 626	187	14 399	90	7 020	139	10 842	188	14 664
89	6 764	138	10 488	187	14 212	90	6 930	139	10 703	188	14 476	91	7 098	140	10 920	189	14 742
90	6 840	139	10 564	188	14 288	91	7 007	140	10 780	189	14 553	92	7 176	141	10 998	190	14 820
91	6 916	140	10 640	189	14 364	92	7 084	141	10 857	190	14 630	93	7 254	142	11 076	191	14 898
92	6 992	141	10 716	190	14 440	93	7 161	142	10 934	191	14 707	94	7 332	143	11 154	192	14 976
93	7 068	142	10 792	191	14 516	94	7 238	143	11 011	192	14 784	95	7 410	144	11 232	193	15 054
94	7 144	143	10 868	192	14 592	95	7 315	144	11 088	193	14 861	96	7 488	145	11 310	194	15 132
95	7 220	144	10 944	193	14 668	96	7 392	145	11 165	194	14 938	97	7 566	146	11 388	195	15 210
96	7 296	145	11 020	194	14 744	97	7 469	146	11 242	195	15 015	98	7 644	147	11 466	196	15 288
97	7 372	146	11 096	195	14 820	98	7 546	147	11 319	196	15 092	99	7 722	148	11 544	197	15 366
98	7 448	147	11 172	196	14 896	99	7 623	148	11 396	197	15 169	100	7 800	149	11 622	198	15 444
99	7 524	148	11 248	197	14 972	100	7 700	149	11 473	198	15 246	101	7 878	150	11 700	199	15 522
100	7 600	149	11 324	198	15 048	101	7 777	150	11 550	199	15 323	102	7 956	151	11 778	200	15 600
101	7 676	150	11 400	199	15 124	102	7 854	151	11 627	200	15 400	103	8 034	152	11 856	201	15 678
102	7 752	151	11 476	200	15 200	103	7 931	152	11 704	201	15 477	104	8 112	153	11 934	202	15 756
103	7 828	152	11 552	201	15 276	104	8 008	153	11 781	202	15 554	105	8 190	154	12 012	203	15 834
104	7 904	153	11 628	202	15 352	105	8 085	154	11 858	203	15 631	106	8 268	155	12 090	204	15 912
105	7 980	154	11 704	203	15 428	106	8 162	155	11 935	204	15 708	107	8 346	156	12 168	205	15 990
106	8 056	155	11 780	204	15 504	107	8 239	156	12 012	205	15 785	108	8 424	157	12 246	206	16 068
107	8 132	156	11 856	205	15 580	108	8 316	157	12 089	206	15 862	109	8 502	158	12 324	207	16 146
108	8 208	157	11 932	206	15 656	109	8 393	158	12 166	207	15 939	110	8 580	159	12 402	208	16 224
109	8 284	158	12 008	207	15 732	110	8 470	159	12 243	208	16 016	111	8 658	160	12 480	209	16 302
110	8 360	159	12 084	208	15 808	111	8 547	160	12 320	209	16 093	112	8 736	161	12 558	210	16 380
111	8 436	160	12 160	209	15 884	112	8 624	161	12 397	210	16 170	113	8 814	162	12 636	211	16 458
112	8 512	161	12 236	210	15 960	113	8 701	162	12 474	211	16 247	114	8 892	163	12 714	212	16 536
113	8 588	162	12 312	211	16 036	114	8 778	163	12 551	212	16 324	115	8 970	164	12 792	213	16 614
114	8 664	163	12 388	212	16 112	115	8 855	164	12 628	213	16 401	116	9 048	165	12 870	214	16 692
115	8 740	164	12 464	213	16 188	116	8 932	165	12 705	214	16 478	117	9 126	166	12 948	215	16 770
116	8 816	165	12 540	214	16 264	117	9 009	166	12 782	215	16 555	118	9 204	167	13 026	216	16 848
117	8 892	166	12 616	215	16 340	118	9 086	167	12 859	216	16 632	119	9 282	168	13 104	217	16 926
118	8 968	167	12 692	216	16 416	119	9 163	168	12 936	217	16 709	120	9 360	169	13 182	218	17 004
119	9 044	168	12 768	217	16 492	120	9 240	169	13 013	218	16 786	121	9 438	170	13 260	219	17 082
120	9 120	169	12 844	218	16 568	121	9 317	170	13 090	219	16 863	122	9 516	171	13 338	220	17 160
121	9 196	170	12 920	219	16 644	122	9 394	171	13 167	220	16 940	123	9 594	172	13 416	221	17 238
122	9 272	171	12 996	220	16 720	123	9 471	172	13 244	221	17 017	124	9 672	173	13 494	222	17 316
123	9 348	172	13 072	221	16 796	124	9 548	143	13 321	222	17 094	125	9 750	174	13 572	223	17 394
124	9 424	173	13 148	222	16 872	125	9 625	174	13 398	223	17 171	126	9 828	175	13 650	224	17 472

79						80						81					
79	6 241	128	10 112	177	13 983	80	6 400	129	10 320	178	14 240	81	6 561	130	10 530	179	14 4
80	6 320	129	10 191	178	14 062	81	6 480	130	10 400	179	14 320	82	6 642	131	10 611	180	14 5
81	6 399	130	10 270	179	14 141	82	6 560	131	10 480	180	14 400	83	6 723	132	10 692	181	14 6
82	6 478	131	10 349	180	14 220	83	6 640	132	10 560	181	14 480	84	6 804	133	10 773	182	14 7
83	6 557	132	10 428	181	14 299	84	6 720	133	10 640	182	14 560	85	6 885	134	10 854	183	14 8
84	6 636	133	10 507	182	14 378	85	6 800	134	10 720	183	14 640	86	6 966	135	10 935	184	14 9
85	6 715	134	10 586	183	14 457	86	6 880	135	10 800	184	14 720	87	7 047	136	11 016	185	14 9
86	6 794	135	10 665	184	14 536	87	6 960	136	10 880	185	14 800	88	7 128	137	11 097	186	15 0
87	6 873	136	10 744	185	14 615	88	7 040	137	10 960	186	14 880	89	7 209	138	11 178	187	15 1
88	6 952	137	10 823	186	14 694	89	7 120	138	11 040	187	14 960	90	7 290	139	11 259	188	15 2
89	7 031	138	10 902	187	14 773	90	7 200	139	11 120	188	15 040	91	7 371	140	11 340	189	15 3
90	7 110	139	10 981	188	14 852	91	7 280	140	11 200	189	15 120	92	7 452	141	11 421	190	15 3
91	7 189	140	11 060	189	14 931	92	7 360	141	11 280	190	15 200	93	7 533	142	11 502	191	15 4
92	7 268	141	11 139	190	15 010	93	7 440	142	11 360	191	15 280	94	7 614	143	11 583	192	15 5
93	7 347	142	11 218	191	15 089	94	7 520	143	11 440	192	15 360	95	7 695	144	11 664	193	15 6
94	7 426	143	11 297	192	15 168	95	7 600	144	11 520	193	15 440	96	7 776	145	11 745	194	15 7
95	7 505	144	11 376	193	15 247	96	7 680	145	11 600	194	15 520	97	7 857	146	11 826	195	15 7
96	7 584	145	11 455	194	15 326	97	7 760	146	11 680	195	15 600	98	7 938	147	11 907	196	15 8
97	7 663	146	11 534	195	15 405	98	7 840	147	11 760	196	15 680	99	8 019	148	11 988	197	15 9
98	7 742	147	11 613	196	15 484	99	7 920	148	11 840	197	15 760	100	8 100	149	12 069	198	16 0
99	7 821	148	11 692	197	15 563	100	8 000	149	11 920	198	15 840	101	8 181	150	12 150	199	16 1
100	7 900	149	11 771	198	15 642	101	8 080	150	12 000	199	15 920	102	8 262	151	12 231	200	16 2
101	7 979	150	11 850	199	15 721	102	8 160	151	12 080	200	16 000	103	8 343	152	12 312	201	16 2
102	8 058	151	11 929	200	15 800	103	8 240	152	12 160	201	16 080	104	8 424	153	12 393	202	16 3
103	8 137	152	12 008	201	15 879	104	8 320	153	12 240	202	16 160	105	8 505	154	12 474	203	16 4
104	8 216	153	12 087	202	15 958	105	8 400	154	12 320	203	16 240	106	8 586	155	12 555	204	16 5
105	8 295	154	12 166	203	16 037	106	8 480	155	12 400	204	16 320	107	8 667	156	12 636	205	16 6
106	8 374	155	12 245	204	16 116	107	8 560	156	12 480	205	16 400	108	8 748	157	12 717	206	16 6
107	8 453	156	12 324	205	16 195	108	8 640	157	12 560	206	16 480	109	8 829	158	12 798	207	16 7
108	8 532	157	12 403	206	16 274	109	8 720	158	12 640	207	16 560	110	8 910	159	12 879	208	16 8
109	8 611	158	12 482	207	16 353	110	8 800	159	12 720	208	16 640	111	8 991	160	12 960	209	16 9
110	8 690	159	12 561	208	16 432	111	8 880	160	12 800	209	16 720	112	9 072	161	13 041	210	17 0
111	8 769	160	12 640	209	16 511	112	8 960	161	12 880	210	16 800	113	9 153	162	13 122	211	17 0
112	8 848	161	12 719	210	16 590	113	9 040	162	12 960	211	16 880	114	9 234	163	13 203	212	17 1
113	8 927	162	12 798	211	16 669	114	9 120	163	13 040	212	16 960	115	9 315	164	13 284	213	17 2
114	9 006	163	12 877	212	16 748	115	9 200	164	13 120	213	17 040	116	9 396	165	13 365	214	17 3
115	9 085	164	12 956	213	16 827	116	9 280	165	13 200	214	17 120	117	9 477	166	13 446	215	17 4
116	9 164	165	13 035	214	16 906	117	9 360	166	13 280	215	17 200	118	9 558	167	13 527	216	17 4
117	9 243	166	13 114	215	16 985	118	9 440	167	13 360	216	17 280	119	9 639	168	13 608	217	17 5
118	9 322	167	13 193	216	17 064	119	6 520	168	13 440	217	17 360	120	9 720	169	13 689	218	17 6
119	9 401	168	13 272	217	17 143	120	9 600	169	13 520	218	17 440	121	9 801	170	13 770	219	17 7
120	9 480	169	13 351	248	17 222	121	9 680	170	13 600	219	17 520	122	9 882	171	13 851	220	17 8
121	9 559	170	13 430	219	17 301	122	9 760	171	13 680	220	17 600	123	9 963	172	13 932	221	17 9
122	9 638	171	13 509	220	17 380	123	9 840	172	13 760	221	17 680	124	10 044	173	14 013	222	17 9
123	9 717	172	13 588	221	17 459	124	9 920	143	13 840	222	17 760	125	10 125	174	14 094	223	18 0
124	9 796	173	13 667	222	17 538	125	10 000	174	13 920	223	17 840	126	10 206	175	14 175	224	18 1
125	9 875	174	13 746	223	17 617	126	10 080	175	14 000	224	17 920	127	10 287	176	14 256	225	18 2
126	9 954	175	13 825	224	17 696	127	10 160	176	14 080	225	18 000	128	10 368	177	14 337	226	18 3
127	10 033	176	13 904	225	17 775	128	10 240	177	14 160	226	18 080	129	10 449	178	14 418	227	18 3

82					
2	6 724	131	10 742	180	14 760
3	6 806	132	10 824	181	14 842
4	6 888	133	10 906	182	14 924
5	6 970	134	10 988	183	15 006
6	7 052	135	11 070	184	15 088
7	7 134	136	11 152	185	15 170
8	7 216	137	11 234	186	15 252
9	7 298	138	11 316	187	15 334
0	7 380	139	11 398	188	15 416
1	7 462	140	11 480	189	15 498
2	7 544	141	11 562	190	15 580
3	7 626	142	11 644	191	15 662
4	7 708	143	11 726	192	15 744
5	7 790	144	11 808	193	15 826
6	7 872	145	11 890	194	15 908
7	7 954	146	11 972	195	15 990
8	8 036	147	12 054	196	16 072
9	8 118	148	12 136	197	16 154
0	8 200	149	12 218	198	16 236
1	8 282	150	12 300	199	16 318
2	8 364	151	12 382	200	16 400
3	8 446	152	12 464	201	16 482
4	8 528	153	12 546	202	16 564
5	8 610	154	12 628	203	16 646
6	8 692	155	12 710	204	16 728
7	8 774	156	12 792	205	16 810
8	8 856	157	12 874	206	16 892
9	8 938	158	12 956	207	16 974
0	9 020	159	13 038	208	17 056
1	9 102	160	13 120	209	17 138
2	9 184	161	13 202	210	17 220
3	9 266	162	13 284	211	17 302
4	9 348	163	13 366	212	17 384
5	9 430	164	13 448	213	17 466
6	9 512	165	13 530	214	17 548
7	9 594	166	13 612	215	17 630
8	9 676	167	13 694	216	17 712
9	9 758	168	13 776	217	17 794
0	9 840	169	13 858	218	17 876
1	9 922	170	13 940	219	17 958
2	10 004	171	14 022	220	18 040
3	10 086	172	14 104	221	18 122
4	10 168	173	14 186	222	18 204
5	10 250	174	14 268	223	18 286
6	10 332	175	14 350	224	18 368
7	10 414	176	14 432	225	18 450
8	10 496	177	14 514	226	18 532
9	10 578	178	14 596	227	18 614
0	10 660	179	14 678	228	18 696

83					
83	6 889	132	10 956	181	15 023
84	6 972	133	11 039	182	15 106
85	7 055	134	11 122	183	15 189
86	7 138	135	11 205	184	15 272
87	7 221	136	11 288	185	15 355
88	7 304	137	11 371	186	15 438
89	7 387	138	11 454	187	15 521
90	7 470	139	11 537	188	15 604
91	7 553	140	11 620	189	15 687
92	7 636	141	11 703	190	15 770
93	7 719	142	11 786	191	15 853
94	7 802	143	11 869	192	15 936
95	7 885	144	11 952	193	16 019
96	7 968	145	12 035	194	16 102
97	8 051	146	12 118	195	16 185
98	8 134	147	12 201	196	16 268
99	8 217	148	12 284	197	16 351
100	8 300	149	12 367	198	16 434
101	8 383	150	12 450	199	16 517
102	8 466	151	12 533	200	16 600
103	8 549	152	12 616	201	16 683
104	8 632	153	12 699	202	16 766
105	8 715	154	12 782	203	16 849
106	8 798	155	12 865	204	16 932
107	8 881	156	12 948	205	17 015
108	8 964	157	13 031	206	17 098
109	9 047	158	13 114	207	17 181
110	9 130	159	13 197	208	17 264
111	9 213	160	13 280	209	17 347
112	9 296	161	13 363	210	17 430
113	9 379	162	13 446	211	17 513
114	9 462	163	13 529	212	17 596
115	9 545	164	13 612	213	17 679
116	9 628	165	13 695	214	17 762
117	9 711	166	13 778	215	17 845
118	9 794	167	13 861	216	17 928
119	9 877	168	13 944	217	18 011
120	9 960	169	14 027	218	18 094
121	10 043	170	14 110	219	18 177
122	10 126	171	14 193	220	18 260
123	10 209	172	14 276	221	18 343
124	10 292	173	14 359	222	18 426
125	10 375	174	14 442	223	18 509
126	10 458	175	14 525	224	18 592
127	10 541	176	14 608	225	18 675
128	10 624	177	14 691	226	18 758
129	10 707	178	14 774	227	18 841
130	10 790	179	14 857	228	18 924
131	10 873	180	14 940	229	19 007

84					
84	7 056	133	11 172	182	15 288
85	7 140	134	11 256	183	15 372
86	7 224	135	11 340	184	15 456
87	7 308	136	11 424	185	15 540
88	7 392	137	11 508	186	15 624
89	7 476	138	11 592	187	15 708
90	7 560	139	11 676	188	15 792
91	7 644	140	11 760	189	15 876
92	7 728	141	11 844	190	15 960
93	7 812	142	11 928	191	16 044
94	7 896	143	12 012	192	16 128
95	7 980	144	12 096	193	16 212
96	8 064	145	12 180	194	16 296
97	8 148	146	12 264	195	16 380
98	8 232	147	12 348	196	16 464
99	8 316	148	12 432	197	16 548
100	8 400	149	12 516	198	16 632
101	8 484	150	12 600	199	16 716
102	8 568	151	12 684	200	16 800
103	8 652	152	12 768	201	16 884
104	8 736	153	12 852	202	16 968
105	8 820	154	12 936	203	17 052
106	8 904	155	13 020	204	17 136
107	8 988	156	13 104	205	17 220
108	9 072	157	13 188	206	17 304
109	9 156	158	13 272	207	17 388
110	9 240	159	13 356	208	17 472
111	9 324	160	13 440	209	17 556
112	9 408	161	13 524	210	17 640
113	9 492	162	13 608	211	17 724
114	9 576	163	13 692	212	17 808
115	9 660	164	13 776	213	17 892
116	9 744	165	13 860	214	17 976
117	9 828	166	13 944	215	18 060
118	9 912	167	14 028	216	18 144
119	9 996	168	14 112	217	18 228
120	10 080	169	14 196	218	18 312
121	10 164	170	14 280	219	18 396
122	10 248	171	14 364	220	18 480
123	10 332	172	14 448	221	18 564
124	10 416	173	14 532	222	18 648
125	10 500	174	14 616	223	18 732
126	10 584	175	14 700	224	18 816
127	10 668	176	14 784	225	18 900
128	10 752	177	14 868	226	18 984
129	10 836	178	14 952	227	19 068
130	10 920	179	15 036	228	19 152
131	11 004	180	15 120	229	19 236
132	11 088	181	15 204	230	19 320

85					
85	7 225	134	11 390	183	15 555
86	7 310	135	11 475	184	15 640
87	7 395	136	11 560	185	15 725
88	7 480	137	11 645	186	15 810
89	7 565	138	11 730	187	15 895
90	7 650	139	11 815	188	15 980
91	7 735	140	11 900	189	16 065
92	7 820	141	11 985	190	16 150
93	7 905	142	12 070	191	16 235
94	7 990	143	12 155	192	16 320
95	8 075	144	12 240	193	16 405
96	8 160	145	12 325	194	16 490
97	8 245	146	12 410	195	16 575
98	8 330	147	12 495	196	16 660
99	8 415	148	12 580	197	16 745
100	8 500	149	12 665	198	16 830
101	8 585	150	12 750	199	16 915
102	8 670	151	12 835	200	17 000
103	8 755	152	12 920	201	17 085
104	8 840	153	13 005	202	17 170
105	8 925	154	13 090	203	17 255
106	9 010	155	13 175	204	17 340
107	9 095	156	13 260	205	17 425
108	9 180	157	13 345	206	17 510
109	9 265	158	13 430	207	17 595
110	9 350	159	13 515	208	17 680
111	9 435	160	13 600	209	17 765
112	9 520	161	13 685	210	17 850
113	9 605	162	13 770	211	17 935
114	9 690	163	13 855	212	18 020
115	9 775	164	13 940	213	18 105
116	9 860	165	14 025	214	18 190
117	9 945	166	14 110	215	18 275
118	10 030	167	14 195	216	18 360
119	10 115	168	14 280	217	18 445
120	10 200	169	14 365	218	18 530
121	10 285	170	14 450	219	18 615
122	10 370	171	14 535	220	18 700
123	10 455	172	14 620	221	18 785
124	10 540	173	14 705	222	18 870
125	10 625	174	14 790	223	18 955
126	10 710	175	14 875	224	19 040
127	10 795	176	14 960	225	19 125
128	10 880	177	15 045	226	19 210
129	10 965	178	15 130	227	19 295
130	11 050	179	15 215	228	19 380
131	11 135	180	15 300	229	19 465
132	11 220	181	15 385	230	19 550
133	11 305	182	15 470	231	19 635

86					
86	7 396	135	11 610	184	15 824
87	7 482	136	11 696	185	15 910
88	7 568	137	11 782	186	15 996
89	7 654	138	11 868	187	16 082
90	7 740	139	11 954	188	16 168
91	7 826	140	12 040	189	16 254
92	7 912	141	12 126	190	16 340
93	7 998	142	12 212	191	16 426
94	8 084	143	12 298	192	16 512
95	8 170	144	12 384	193	16 598
96	8 256	145	12 470	194	16 684
97	8 342	146	12 556	195	16 770
98	8 428	147	12 642	196	16 856
99	8 514	148	12 728	197	16 942
100	8 600	149	12 814	198	17 028
101	8 686	150	12 900	199	17 114
102	8 772	151	12 986	200	17 200
103	8 858	152	13 072	201	17 286
104	8 944	153	13 158	202	17 372
105	9 030	154	13 244	203	17 458
106	9 116	155	13 330	204	17 544
107	9 202	156	13 416	205	17 630
108	9 288	157	13 502	206	17 716
109	9 374	158	13 588	207	17 802
110	9 460	159	13 674	208	17 888
111	9 546	160	13 760	209	17 974
112	9 632	161	13 846	210	18 060
113	9 718	162	13 932	211	18 146
114	9 804	163	14 018	212	18 232
115	9 890	164	14 104	213	18 318
116	9 976	165	14 190	214	18 404
117	10 062	166	14 276	215	18 490
118	10 148	167	14 362	216	18 576
119	10 234	168	14 448	217	18 662
120	10 320	169	14 534	218	18 748
121	10 406	170	14 620	219	18 834
122	10 492	171	14 706	220	18 920
123	10 578	172	14 792	221	19 006
124	10 664	173	14 878	222	19 092
125	10 750	174	14 964	223	19 178
126	10 836	175	15 050	224	19 264
127	10 922	176	15 136	225	19 350
128	11 008	177	15 222	226	19 436
129	11 094	178	15 308	227	19 522
130	11 180	179	15 394	228	19 608
131	11 266	180	15 480	229	19 694
132	11 352	181	15 566	230	19 780
133	11 438	182	15 652	231	19 866
134	11 524	183	15 738	232	19 952

87					
87	7 569	136	11 832	185	16
88	7 656	137	11 919	186	16
89	7 743	138	12 006	187	16
90	7 830	139	12 093	188	16
91	7 917	140	12 180	189	16
92	8 004	141	12 267	190	16
93	8 091	142	12 354	191	16
94	8 178	143	12 441	192	16
95	8 265	144	12 528	193	16
96	8 352	145	12 615	194	16
97	8 439	146	12 702	195	16
98	8 526	147	12 789	196	17
99	8 613	148	12 876	197	17
100	8 700	149	12 963	198	17
101	8 787	150	13 050	199	17
102	8 874	151	13 137	200	17
103	8 961	152	13 224	201	17
104	9 048	153	13 311	202	17
105	9 135	154	13 398	203	17
106	9 222	155	13 485	204	17
107	9 309	156	13 572	205	17
108	9 396	157	13 659	206	17
109	9 483	158	13 746	207	18
110	9 570	159	13 833	208	18
111	9 657	160	13 920	209	18
112	9 744	161	14 007	210	18
113	9 831	162	14 094	211	18
114	9 918	163	14 181	212	18
115	10 005	164	14 268	213	18
116	10 092	165	14 355	214	18
117	10 179	166	14 442	215	18
118	10 266	167	14 529	216	18
119	10 353	168	14 616	217	18
120	10 440	169	14 703	218	18
121	10 527	170	14 790	219	19
122	10 614	171	14 877	220	19
123	10 701	172	14 964	221	19
124	10 788	173	15 051	222	19
125	10 875	174	15 138	223	19
126	10 962	175	15 225	224	19
127	11 049	176	15 312	225	19
128	11 136	177	15 399	226	19
129	11 223	178	15 486	227	19
130	11 310	179	15 573	228	19
131	11 397	180	15 660	229	19
132	11 484	181	15 747	230	20
133	11 571	182	15 834	231	20
134	11 658	183	15 921	232	20
135	11 745	184	16 008	233	20

88						89						90					
88	7 744	137	12 056	186	16 368	89	7 921	138	12 282	187	16 643	90	8 100	139	12 510	188	16 920
89	7 832	138	12 144	187	16 456	90	8 010	139	12 371	188	16 732	91	8 190	140	12 600	189	17 010
90	7 920	139	12 232	188	16 544	91	8 099	140	12 460	189	16 821	92	8 280	141	12 690	190	17 100
91	8 008	140	12 320	189	16 632	92	8 188	141	12 549	190	16 910	93	8 370	142	12 780	191	17 190
92	8 096	141	12 408	190	16 720	93	8 277	142	12 638	191	16 999	94	8 460	143	12 870	192	17 280
93	8 184	142	12 496	191	16 808	94	8 366	143	12 727	192	17 088	95	8 550	144	12 960	193	17 370
94	8 272	143	12 584	192	16 896	95	8 455	144	12 816	193	17 177	96	8 640	145	13 050	194	17 460
95	8 360	144	12 672	193	16 984	96	8 544	145	12 905	194	17 266	97	8 730	146	13 140	195	17 550
96	8 448	145	12 760	194	17 072	97	8 633	146	12 994	195	17 355	98	8 820	147	13 230	196	17 640
97	8 536	146	12 848	195	17 160	98	8 722	147	13 083	196	17 444	99	8 910	148	13 320	197	17 730
98	8 624	147	12 936	196	17 248	99	8 811	148	13 172	197	17 533	100	9 000	149	13 410	198	17 820
99	8 712	148	13 024	197	17 336	100	8 900	149	13 261	198	17 622	101	9 090	150	13 500	199	17 910
100	8 800	149	13 112	198	17 424	101	8 989	150	13 350	199	17 711	102	9 180	151	13 590	200	18 000
101	8 888	150	13 200	199	17 512	102	9 078	151	13 439	200	17 800	103	9 270	152	13 680	201	18 090
102	8 976	151	13 288	200	17 600	103	9 167	152	13 528	201	17 889	104	9 360	153	13 770	202	18 180
103	9 064	152	13 376	201	17 688	104	9 256	153	13 617	202	17 978	105	9 450	154	13 860	203	18 270
104	9 152	153	13 464	202	17 776	105	9 345	154	13 706	203	18 067	106	9 540	155	13 950	204	18 360
105	9 240	154	13 552	203	17 864	106	9 434	155	13 795	204	18 156	107	9 630	156	14 040	205	18 450
106	9 328	155	13 640	204	17 952	107	9 523	156	13 884	205	18 245	108	9 720	157	14 130	206	18 540
107	9 416	156	13 728	205	18 040	108	9 612	157	13 973	206	18 334	109	9 810	158	14 220	207	18 630
108	9 504	157	13 816	206	18 128	109	9 701	158	14 062	207	18 423	110	9 900	159	14 310	208	18 720
109	9 592	158	13 904	207	18 216	110	9 790	159	14 151	208	18 512	111	9 990	160	14 400	209	18 810
110	9 680	159	13 992	208	18 304	111	9 879	160	14 240	209	18 601	112	10 080	161	14 490	210	18 900
111	9 768	160	14 080	209	18 392	112	9 968	161	14 329	210	18 690	113	10 170	162	14 580	211	18 990
112	9 856	161	14 168	210	18 480	113	10 057	162	14 418	211	18 779	114	10 260	163	14 670	212	19 080
113	9 944	162	14 256	211	18 568	114	10 146	163	14 507	212	18 868	115	10 350	164	14 760	213	19 170
114	10 032	163	14 344	212	18 656	115	10 235	164	14 596	213	18 957	116	10 440	165	14 850	214	19 260
115	10 120	164	14 432	213	18 744	116	10 324	165	14 685	214	19 046	117	10 530	166	14 940	215	19 350
116	10 208	165	14 520	214	18 832	117	10 413	166	14 774	215	19 135	118	10 620	167	15 030	216	19 440
117	10 296	166	14 608	215	18 920	118	10 502	167	14 863	216	19 224	119	10 710	168	15 120	217	19 530
118	10 384	167	14 696	216	19 008	119	10 591	168	14 952	217	19 313	120	10 800	169	15 210	218	19 620
119	10 472	168	14 784	217	19 096	120	10 680	169	15 041	218	19 402	121	10 890	170	15 300	219	19 710
120	10 560	169	14 872	218	19 184	121	10 769	170	15 130	219	19 491	122	10 980	171	15 390	220	19 800
121	10 648	170	14 960	219	19 272	122	10 858	171	15 219	220	19 580	123	11 070	172	15 480	221	19 890
122	10 736	171	15 048	220	19 360	123	10 947	172	15 308	221	19 669	124	11 160	173	15 570	222	19 980
123	10 824	172	15 136	221	19 448	124	11 036	173	15 397	222	19 758	125	11 250	174	15 660	223	20 070
124	10 912	173	15 224	222	19 536	125	11 125	174	15 486	223	19 847	126	11 340	175	15 750	224	20 160
125	11 000	174	15 312	223	19 624	126	11 214	175	15 575	224	19 936	127	11 430	176	15 840	225	20 250
126	11 088	175	15 400	224	19 712	127	11 303	176	15 664	225	20 025	128	11 520	177	15 930	226	20 340
127	11 176	176	15 488	225	19 800	128	11 392	177	15 753	226	20 114	129	11 610	178	16 020	227	20 430
128	11 264	177	15 576	226	19 888	129	11 481	178	15 842	227	20 203	130	11 700	179	16 110	228	20 520
129	11 352	178	15 664	227	19 976	130	11 570	179	15 931	228	20 292	131	11 790	180	16 200	229	20 610
130	11 440	179	15 752	228	20 064	131	11 659	180	16 020	229	20 381	132	11 880	181	16 290	230	20 700
131	11 528	180	15 840	229	20 152	132	11 748	181	16 109	230	20 470	133	11 970	182	16 380	231	20 790
132	11 616	181	15 928	230	20 240	133	11 837	182	16 198	231	20 559	134	12 060	183	16 470	232	20 880
133	11 704	182	16 016	231	20 328	134	11 926	183	16 287	232	20 648	135	12 150	184	16 560	233	20 970
134	11 792	183	16 104	232	20 416	135	12 015	184	16 376	233	20 737	136	12 240	185	16 650	234	21 060
135	11 880	184	16 192	233	20 504	136	12 104	185	16 465	234	20 826	137	12 330	186	16 740	235	21 150
136	11 968	185	16 280	234	20 592	137	12 193	186	16 554	235	20 915	138	12 420	187	16 830	236	21 240

91					
91	8 281	140	12 740	189	17 199
92	8 372	141	12 831	190	17 290
93	8 463	142	12 922	191	17 381
94	8 554	143	13 013	192	17 472
95	8 645	144	13 104	193	17 563
96	8 736	145	13 195	194	17 654
97	8 827	146	13 286	195	17 745
98	8 918	147	13 377	196	17 836
99	9 009	148	13 468	197	17 927
100	9 100	149	13 559	198	18 018
101	9 191	150	13 650	199	18 109
102	9 282	151	13 741	200	18 200
103	9 373	152	13 832	201	18 291
104	9 464	153	13 923	202	18 382
105	9 555	154	14 014	203	18 473
106	9 646	155	14 105	204	18 564
107	9 737	156	14 196	205	18 655
108	9 828	157	14 287	206	18 746
109	9 919	158	14 378	207	18 837
110	10 010	159	14 469	208	18 928
111	10 101	160	14 560	209	19 019
112	10 192	161	14 651	210	19 110
113	10 283	162	14 742	211	19 201
114	10 374	163	14 833	212	19 292
115	10 465	164	14 924	213	19 383
116	10 556	165	15 015	214	19 474
117	10 647	166	15 106	215	19 565
118	10 738	167	15 197	216	19 656
119	10 829	168	15 288	217	19 747
120	10 920	169	15 379	218	19 838
121	11 011	170	15 470	219	19 929
122	11 102	171	15 561	220	20 020
123	11 193	172	15 652	221	20 111
124	11 284	173	15 743	222	20 202
125	11 375	174	15 834	223	20 293
126	11 466	175	15 925	224	20 384
127	11 557	176	16 016	225	20 475
128	11 648	177	16 107	226	20 566
129	11 739	178	16 198	227	20 657
130	11 830	179	16 289	228	20 748
131	11 921	180	16 380	229	20 839
132	12 012	181	16 471	230	20 930
133	12 103	182	16 562	231	21 021
134	12 194	183	16 653	232	21 112
135	12 285	184	16 744	233	21 203
136	12 376	185	16 835	234	21 294
137	12 467	186	16 926	235	21 385
138	12 558	187	17 017	236	21 476
139	12 649	188	17 108	237	21 567

92					
92	8 464	141	12 972	190	17 480
93	8 556	142	13 064	191	17 572
94	8 648	143	13 156	192	17 664
95	8 740	144	13 248	193	17 756
96	8 832	145	13 340	194	17 848
97	8 924	146	13 432	195	17 940
98	9 016	147	13 524	196	18 032
99	9 108	148	13 616	197	18 124
100	9 200	149	13 708	198	18 216
101	9 292	150	13 800	199	18 308
102	9 384	151	13 892	200	18 400
103	9 476	152	13 984	201	18 492
104	9 568	153	14 076	202	18 584
105	9 660	154	14 168	203	18 676
106	9 752	155	14 260	204	18 768
107	9 844	156	14 352	205	18 860
108	9 936	157	14 444	206	18 952
109	10 028	158	14 536	207	19 044
110	10 120	159	14 628	208	19 136
111	10 212	160	14 720	209	19 228
112	10 304	161	14 812	210	19 320
113	10 396	162	14 904	211	19 412
114	10 488	163	14 996	212	10 504
115	10 580	164	15 088	213	19 596
116	10 672	165	15 180	214	19 688
117	10 764	166	15 272	215	19 780
118	10 856	167	15 364	216	19 872
119	10 948	168	15 456	217	19 964
120	11 040	169	15 548	218	20 056
121	11 132	170	15 640	219	20 148
122	11 224	171	15 732	220	20 240
123	11 316	172	15 824	221	20 332
124	11 408	173	15 916	222	20 424
125	11 500	174	16 008	223	20 516
126	11 592	175	16 100	224	20 608
127	11 684	176	16 192	225	20 700
128	11 776	177	16 284	226	20 792
129	11 868	178	16 376	227	20 884
130	11 960	179	16 468	228	20 976
131	12 052	180	16 560	229	21 068
132	12 144	181	16 652	230	21 160
133	12 236	182	16 744	231	21 252
134	12 328	183	16 836	232	21 344
135	12 420	184	16 928	233	21 436
136	12 512	185	17 020	234	21 528
137	12 604	186	17 112	235	21 620
138	12 696	187	17 204	236	21 712
139	12 788	188	17 296	237	21 804
140	12 880	189	17 388	238	21 896

93					
93	8 649	142	13 206	191	17
94	8 742	143	13 299	192	17
95	8 835	144	13 392	193	17
96	8 928	145	13 485	194	18
97	9 021	146	13 578	195	18
98	9 114	147	13 671	196	18
99	9 207	148	13 764	197	18
100	9 300	149	13 857	198	18
101	9 393	150	13 950	199	18
102	9 486	151	14 043	200	18
103	9 579	152	14 136	201	18
104	9 672	153	14 229	202	18
105	9 765	154	14 322	203	18
106	9 858	155	14 415	204	18
107	9 951	156	14 508	205	19
108	10 044	157	14 601	206	19
109	10 137	158	14 694	207	19
110	10 230	159	14 787	208	19
111	10 323	160	14 880	209	19
112	10 416	161	14 973	210	19
113	10 509	162	15 066	211	19
114	10 602	163	15 159	212	19
115	10 695	164	15 252	213	19
116	10 788	165	15 345	214	19
117	10 881	166	15 438	215	19
118	10 974	167	15 531	216	20
119	11 067	168	15 624	217	20
120	11 160	169	15 717	218	20 2
121	11 253	170	15 810	219	20 3
122	11 346	171	15 903	220	20 4
123	11 439	172	15 996	221	20 5
124	11 532	173	16 089	222	20 6
125	11 625	174	16 182	223	20 7
126	11 718	175	16 275	224	20 8
127	11 811	176	16 368	225	20 9
128	11 904	177	16 461	226	21
129	11 997	178	16 554	227	21
130	12 090	179	16 647	228	21 2
131	12 183	180	16 740	229	21 2
132	12 276	181	16 833	230	21 3
133	12 369	182	16 926	231	21 4
134	12 462	183	17 019	232	21 5
135	12 555	184	17 112	233	21 6
136	12 648	185	17 205	234	21 7
137	12 741	186	17 298	235	21 8
138	12 834	187	17 391	236	21 9
139	12 927	188	17 484	237	22 0
140	13 020	189	17 577	238	22 1
141	13 113	190	17 670	239	22 2

94					
94	8 836	143	13 442	192	18 048
95	8 930	144	13 536	193	18 142
96	9 024	145	13 630	194	18 236
97	9 118	146	13 724	195	18 330
98	9 212	147	13 818	196	18 424
99	9 306	148	13 912	197	18 518
100	9 400	149	14 006	198	18 612
101	9 494	150	14 100	199	18 706
102	9 588	151	14 194	200	18 800
103	9 682	152	14 288	201	18 894
104	9 776	153	14 382	202	18 988
105	9 870	154	14 476	203	19 082
106	9 964	155	14 570	204	19 176
107	10 058	156	14 664	205	19 270
108	10 152	157	14 758	206	19 364
109	10 246	158	14 852	207	19 458
110	10 340	159	14 946	208	19 552
111	10 434	160	15 040	209	19 646
112	10 528	161	15 134	210	19 740
113	10 622	162	15 228	211	19 834
114	10 716	163	15 322	212	19 928
115	10 810	164	15 416	213	20 022
116	10 904	165	15 510	214	20 116
117	10 998	166	15 604	215	20 210
118	11 092	167	15 698	216	20 304
119	11 186	168	15 792	217	20 398
120	11 280	169	15 886	218	20 492
121	11 374	170	15 980	219	20 586
122	11 468	171	16 074	220	20 680
123	11 562	172	16 168	221	20 774
124	11 656	173	16 262	222	20 868
125	11 750	174	16 356	223	20 962
126	11 844	175	16 450	224	21 056
127	11 938	176	16 544	225	21 150
128	12 032	177	16 638	226	21 244
129	12 126	178	16 732	227	21 338
130	12 220	179	16 826	228	21 432
131	12 314	180	16 920	229	21 526
132	12 408	181	17 014	230	21 620
133	12 502	182	17 108	231	21 714
134	12 596	183	17 202	232	21 808
135	12 690	184	17 296	233	21 902
136	12 784	185	17 390	234	21 996
137	12 878	186	17 484	235	22 090
138	12 972	187	17 578	236	22 184
139	13 066	188	17 672	237	22 278
140	13 160	189	17 766	238	22 372
141	13 254	190	17 860	239	22 466
142	13 348	191	17 954	240	22 560

95					
95	9 025	144	13 680	193	18 335
96	9 120	145	13 775	194	18 430
97	9 215	146	13 870	195	18 525
98	9 310	147	13 965	196	18 620
99	9 405	148	14 060	197	18 715
100	9 500	149	14 155	198	18 810
101	9 595	150	14 250	199	18 905
102	9 690	151	14 345	200	19 000
103	9 785	152	14 440	201	19 095
104	9 880	153	14 535	202	19 190
105	9 975	154	14 630	203	19 285
106	10 070	155	14 725	204	19 380
107	10 165	156	14 820	205	19 475
108	10 260	157	14 915	206	19 570
109	10 355	158	15 010	207	19 665
110	10 450	159	15 105	208	19 760
111	10 545	160	15 200	209	19 855
112	10 640	161	15 295	210	19 950
113	10 735	162	15 390	211	20 045
114	10 830	163	15 485	212	20 140
115	10 925	164	15 580	213	20 235
116	11 020	165	15 675	214	20 330
117	11 115	166	15 770	215	20 425
118	11 210	167	15 865	216	20 520
119	11 305	168	15 960	217	20 615
120	11 400	169	16 055	218	20 710
121	11 495	170	16 150	219	20 805
122	11 590	171	16 245	220	20 900
123	11 685	172	16 340	221	20 995
124	11 780	173	16 435	222	21 090
125	11 875	174	16 530	223	21 185
126	11 970	175	16 625	224	21 280
127	12 065	176	16 720	225	21 375
128	12 160	177	16 815	226	21 470
129	12 255	178	16 910	227	21 565
130	12 350	179	17 005	228	21 660
131	12 445	180	17 100	229	21 755
132	12 540	181	17 195	230	21 850
133	12 635	182	17 290	231	21 945
134	12 730	183	17 385	232	22 040
135	12 825	184	17 480	233	22 135
136	12 920	185	17 575	234	22 230
137	13 015	186	17 670	235	22 325
138	13 110	187	17 765	236	22 420
139	13 205	188	17 860	237	22 515
140	13 300	189	17 955	238	22 610
141	13 395	190	18 050	239	22 705
142	13 490	191	18 145	240	22 800
143	13 585	192	18 240	241	22 895

96					
96	9 216	145	13 920	194	18 624
97	9 312	146	14 016	195	18 720
98	9 408	147	14 112	196	18 816
99	9 504	148	14 208	197	18 912
100	9 600	149	14 304	198	19 008
101	9 696	150	14 400	199	19 104
102	9 792	151	14 496	200	19 200
103	9 888	152	14 592	201	19 296
104	9 984	153	14 688	202	19 392
105	10 080	154	14 784	203	19 488
106	10 176	155	14 880	204	19 584
107	10 272	156	14 976	205	19 680
108	10 368	157	15 072	206	19 776
109	10 464	158	15 168	207	19 872
110	10 560	159	15 264	208	19 968
111	10 656	160	15 360	209	20 064
112	10 752	161	15 456	210	20 160
113	10 848	162	15 552	211	20 256
114	10 944	163	15 648	212	20 352
115	11 040	164	15 744	213	20 448
116	11 136	165	15 840	214	20 544
117	11 232	166	15 936	215	20 640
118	11 328	167	16 032	216	20 736
119	11 424	168	16 128	217	20 832
120	11 520	169	16 224	218	20 928
121	11 616	170	16 320	219	21 024
122	11 712	171	16 416	220	21 120
123	11 808	172	16 512	221	21 216
124	11 904	173	16 608	222	21 312
125	12 000	174	16 704	223	21 408
126	12 096	175	16 800	224	21 504
127	12 192	176	16 896	225	21 600
128	12 288	177	16 992	226	21 696
129	12 384	178	17 088	227	21 792
130	12 480	179	17 184	228	21 888
131	12 576	180	17 280	229	21 984
132	12 672	181	17 376	230	22 080
133	12 768	182	17 472	231	22 176
134	12 864	183	17 568	232	22 272
135	12 960	184	17 664	233	22 368
136	13 056	185	17 760	234	22 464
137	13 152	186	17 856	235	22 560
138	13 248	187	17 952	236	22 656
139	13 344	188	18 048	237	22 752
140	13 440	189	18 144	238	22 848
141	13 536	190	18 240	239	22 944
142	13 632	191	18 336	240	23 040
143	13 728	192	18 432	241	23 136
144	13 824	193	18 528	242	23 232

97					
97	9 409	146	14 162	195	18 915
98	9 506	147	14 259	196	19 012
99	9 603	148	14 356	197	19 109
100	9 700	149	14 453	198	19 206
101	9 797	150	14 550	199	19 303
102	9 894	151	14 647	200	19 400
103	9 991	152	14 744	201	19 497
104	10 088	153	14 841	202	19 594
105	10 185	154	14 938	203	19 691
106	10 282	155	15 035	204	19 788
107	10 379	156	15 132	205	19 885
108	10 476	157	15 229	206	19 982
109	10 573	158	15 326	207	20 079
110	10 670	159	15 423	208	20 176
111	10 767	160	15 520	209	20 273
112	10 864	161	15 617	210	20 370
113	10 961	162	15 714	211	20 467
114	11 058	163	15 811	212	20 564
115	11 155	164	15 908	213	20 661
116	11 252	165	16 005	214	20 758
117	11 349	166	16 102	215	20 855
118	11 446	167	16 199	216	20 952
119	11 543	168	16 296	217	21 049
120	11 640	169	16 393	218	21 146
121	11 737	170	16 490	219	21 243
122	11 834	171	16 587	220	21 340
123	11 931	172	16 684	221	21 437
124	12 028	173	16 781	222	21 534
125	12 125	174	16 878	223	21 631
126	12 222	175	16 975	224	21 728
127	12 319	176	17 072	225	21 825
128	12 416	177	17 169	226	21 922
129	12 513	178	17 266	227	22 019
130	12 610	179	17 363	228	22 116
131	12 707	180	17 460	229	22 213
132	12 804	181	17 557	230	22 310
133	12 901	182	17 654	231	22 407
134	12 998	183	17 751	232	22 504
135	13 095	184	17 848	233	22 601
136	13 192	185	17 945	234	22 698
137	13 289	186	18 042	235	22 795
138	13 386	187	18 139	236	22 892
139	13 483	188	18 236	237	22 989
140	13 580	189	18 333	238	23 086
141	13 677	190	18 430	239	23 183
142	13 774	191	18 527	240	23 280
143	13 871	192	18 624	241	23 377
144	13 968	193	18 721	242	23 474
145	14 065	194	18 818	243	23 571

98					
98	9 604	147	14 406	196	19 208
99	9 702	148	14 504	197	19 306
100	9 800	149	14 602	198	19 404
101	9 898	150	14 700	199	19 502
102	9 996	151	14 798	200	19 600
103	10 094	152	14 896	201	19 698
104	10 192	153	14 994	202	19 796
105	10 290	154	15 092	203	19 894
106	10 388	155	15 190	204	19 992
107	10 486	156	15 288	205	20 090
108	10 584	157	15 386	206	20 188
109	10 682	158	15 484	207	20 286
110	10 780	159	15 582	208	20 384
111	10 878	160	15 680	209	20 482
112	10 976	161	15 778	210	20 580
113	11 074	162	15 876	211	20 678
114	11 172	163	15 974	212	20 776
115	11 270	164	16 072	213	20 874
116	11 368	165	16 170	214	20 972
117	11 466	166	16 268	215	21 070
118	11 564	167	16 366	216	21 168
119	11 662	168	16 464	217	21 266
120	11 760	169	16 562	218	21 364
121	11 858	170	16 660	219	21 462
122	11 956	171	16 758	220	21 560
123	12 054	172	16 856	221	21 658
124	12 152	173	16 954	222	21 756
125	12 250	174	17 052	223	21 854
126	12 348	175	17 150	224	21 952
127	12 446	176	17 248	225	22 050
128	12 544	177	17 346	226	22 148
129	12 642	178	17 444	227	22 246
130	12 740	179	17 542	228	22 344
131	12 838	180	17 640	229	22 442
132	12 936	181	17 738	230	22 540
133	13 034	182	17 836	231	22 638
134	13 132	183	17 934	232	22 736
135	13 230	184	18 032	233	22 834
136	13 328	185	18 130	234	22 932
137	13 426	186	18 228	235	23 030
138	13 524	187	18 326	236	23 128
139	13 622	188	18 424	237	23 226
140	13 720	189	18 522	238	23 324
141	13 818	190	18 620	239	23 422
142	13 916	191	18 718	240	23 520
143	14 014	192	18 816	241	23 618
144	14 112	193	18 914	242	23 716
145	14 210	194	19 012	243	23 814
146	14 308	195	19 110	244	23 912

99					
99	9 801	148	14 652	197	19
100	9 900	149	14 751	198	19
101	9 999	150	14 850	199	19
102	10 098	151	14 949	200	19
103	10 197	152	15 048	201	19
104	10 296	153	15 147	202	19
105	10 395	154	15 246	203	20
106	10 494	155	15 345	204	20
107	10 593	156	15 444	205	20
108	10 692	157	15 543	206	20
109	10 791	158	15 642	207	20
110	10 890	159	15 741	208	20
111	10 989	160	15 840	209	20
112	11 088	161	15 939	210	20
113	11 187	162	16 038	211	20
114	11 286	163	16 137	212	20
115	11 385	164	16 236	213	21
116	11 484	165	16 335	214	21
117	11 583	166	16 434	215	21
118	11 682	167	16 533	216	21
119	11 781	168	16 632	217	21
120	11 880	169	16 731	218	21
121	11 979	170	16 830	219	21
122	12 078	171	16 929	220	21
123	12 177	172	17 028	221	21
124	12 276	173	17 127	222	21
125	12 375	174	17 226	223	22
126	12 474	175	17 325	224	22
127	12 573	176	17 424	225	22
128	12 672	177	17 523	226	22
129	12 771	178	17 622	227	22
130	12 870	179	17 721	228	22
131	12 969	180	17 820	229	22
132	13 068	181	17 919	230	22
133	13 167	182	18 018	231	22
134	13 266	183	18 117	232	22
135	13 365	184	18 216	233	23
136	13 464	185	18 315	234	23
137	13 563	186	18 414	235	23
138	13 662	187	18 513	236	23
139	13 761	188	18 612	237	23
140	13 860	189	18 711	238	23
141	13 959	190	18 810	239	23
142	14 058	191	18 909	240	23
143	14 157	192	19 008	241	23
144	14 256	193	19 107	242	23
145	14 355	194	19 206	243	24
146	14 454	195	19 305	244	24
147	14 553	196	19 404	245	24

100

0	10 000	149	14 900	198	19 800
1	10 100	150	15 000	199	19 900
2	10 200	151	15 100	200	20 000
3	10 300	152	15 200	201	20 100
4	10 400	153	15 300	202	20 200
5	10 500	154	15 400	203	20 300
6	10 600	155	15 500	204	20 400
7	10 700	156	15 600	205	20 500
8	10 800	157	15 700	206	20 600
9	10 900	158	15 800	207	20 700
0	11 000	159	15 900	208	20 800
1	11 100	160	16 000	209	20 900
2	11 200	161	16 100	210	21 000
3	11 300	162	16 200	211	21 100
4	11 400	163	16 300	212	21 200
5	11 500	164	16 400	213	21 300
6	11 600	165	16 500	214	21 400
7	11 700	166	16 600	215	21 500
8	11 800	167	16 700	216	21 600
9	11 900	168	16 800	217	21 700
0	12 000	169	16 900	218	21 800
1	12 100	170	17 000	219	21 900
2	12 200	171	17 100	220	22 000
3	12 300	172	17 200	221	22 100
4	12 400	173	17 300	222	22 200
5	12 500	174	17 400	223	22 300
6	12 600	175	17 500	224	22 400
7	12 700	176	17 600	225	22 500
8	12 800	177	17 700	226	22 600
9	12 900	178	17 800	227	22 700
0	13 000	179	17 900	228	22 800
1	13 100	180	18 000	229	22 900
2	13 200	181	18 100	230	23 000
3	13 300	182	18 200	231	23 100
4	13 400	183	18 300	232	23 200
5	13 500	184	18 400	233	23 300
6	13 600	185	18 500	234	23 400
7	13 700	186	18 600	235	23 500
8	13 800	187	18 700	236	23 600
9	13 900	188	18 800	237	23 700
0	14 000	189	18 900	238	23 800
1	14 100	190	19 000	239	23 900
2	14 200	191	19 100	240	24 000
3	14 300	192	19 200	241	24 100
4	14 400	193	19 300	242	24 200
5	14 500	194	19 400	243	24 300
6	14 600	195	19 500	244	24 400
7	14 700	196	19 600	245	24 500
8	14 800	197	19 700	246	24 600

101

101	10 201	150	15 150	199	20 099
102	10 302	151	15 251	200	20 200
103	10 403	152	15 352	201	20 301
104	10 504	153	15 453	202	20 402
105	10 605	154	15 554	203	20 503
106	10 706	155	15 655	204	20 604
107	10 807	156	15 756	205	20 705
108	10 908	157	15 857	206	20 806
109	11 009	158	15 958	207	20 907
110	11 110	159	16 059	208	21 008
111	11 211	160	16 160	209	21 109
112	11 312	161	16 261	210	21 210
113	11 413	162	16 362	211	21 311
114	11 514	163	16 463	212	21 412
115	11 615	164	16 564	213	21 513
116	11 716	165	16 665	214	21 614
117	11 817	166	16 766	215	21 715
118	11 918	167	16 867	216	21 816
119	12 019	168	16 968	217	21 917
120	12 120	169	17 069	218	22 018
121	12 221	170	17 170	219	22 119
122	12 322	171	17 271	220	22 220
123	12 423	172	17 372	221	22 321
124	12 524	173	17 473	222	22 422
125	12 625	174	17 574	223	22 523
126	12 726	175	17 675	224	22 624
127	12 827	176	17 776	225	22 725
128	12 928	177	17 877	226	22 826
129	13 029	178	17 978	227	22 927
130	13 130	179	18 079	228	23 028
131	13 231	180	18 180	229	23 129
132	13 332	181	18 281	230	23 230
133	13 433	182	18 382	231	23 331
134	13 534	183	18 483	232	23 432
135	13 635	184	18 584	233	23 533
136	13 736	185	18 685	234	23 634
137	13 837	186	18 786	235	23 735
138	13 938	187	18 887	236	23 836
139	14 039	188	18 988	237	23 937
140	14 140	189	19 089	238	24 038
141	14 241	190	19 190	239	24 139
142	14 342	191	19 291	240	24 240
143	14 443	192	19 392	241	24 341
144	14 544	193	19 493	242	24 442
145	14 645	194	19 594	243	24 543
146	14 746	195	19 695	244	24 644
147	14 847	196	19 796	245	24 745
148	14 948	197	19 897	246	24 846
149	15 049	198	19 998	247	24 947

102

102	10 404	151	15 402	200	20 400
103	10 506	152	15 504	201	20 502
104	10 608	153	15 606	202	20 604
105	10 710	154	15 708	203	20 706
106	10 812	155	15 810	204	20 808
107	10 914	156	15 912	205	20 910
108	11 016	157	16 014	206	21 012
109	11 118	158	16 116	207	21 114
110	11 220	159	16 218	208	21 216
111	11 322	160	16 320	209	21 318
112	11 424	161	16 422	210	21 420
113	11 526	162	16 524	211	21 522
114	11 628	163	16 626	212	21 624
115	11 730	164	16 728	213	21 726
116	11 832	165	16 830	214	21 828
117	11 934	166	16 932	215	21 930
118	12 036	167	17 034	216	22 032
119	12 138	168	17 136	217	22 134
120	12 240	169	17 238	218	22 236
121	12 342	170	17 340	219	22 338
122	12 444	171	17 442	220	22 440
123	12 546	172	17 544	221	22 542
124	12 648	173	17 646	222	22 644
125	12 750	174	17 748	223	22 746
126	12 852	175	17 850	224	22 848
127	12 954	176	17 952	225	22 950
128	13 056	177	18 054	226	23 052
129	13 158	178	18 156	227	23 154
130	13 260	179	18 258	228	23 256
131	13 362	180	18 360	229	23 358
132	13 464	181	18 462	230	23 460
133	13 566	182	18 564	231	23 562
134	13 668	183	18 666	232	23 664
135	13 770	184	18 768	233	23 766
136	13 872	185	18 870	234	23 868
137	13 974	186	18 972	235	23 970
138	14 076	187	19 074	236	24 072
139	14 178	188	19 176	237	24 174
140	14 280	189	19 278	238	24 276
141	14 382	190	19 380	239	24 378
142	14 484	191	19 482	240	24 480
143	14 586	192	19 584	241	24 582
144	14 688	193	19 686	242	24 684
145	14 790	194	19 788	243	24 786
146	14 892	195	19 890	244	24 888
147	14 994	196	19 992	245	24 990
148	15 096	197	20 094	246	25 092
149	15 198	198	20 196	247	25 194
150	15 300	199	20 298	248	25 296

103						104						105					
103	10 609	152	15 656	201	20 703	104	10 816	153	15 912	202	21 008	105	11 025	154	16 170	203	21
104	10 712	153	15 759	202	20 806	105	10 920	154	16 016	203	21 112	106	11 130	155	16 275	204	21
105	10 815	154	15 862	203	20 909	106	11 024	155	16 120	204	21 216	107	11 235	156	16 380	205	21
106	10 918	155	15 965	204	21 012	107	11 128	156	16 224	205	21 320	108	11 340	157	16 485	206	21
107	11 021	156	16 068	205	21 115	108	11 232	157	16 328	206	21 424	109	11 445	158	16 590	207	21
108	11 124	157	16 171	206	21 218	109	11 336	158	16 432	207	21 528	110	11 550	159	16 695	208	21
109	11 227	158	16 274	207	21 321	110	11 440	159	16 536	208	21 632	111	11 655	160	16 800	209	21
110	11 330	159	16 377	208	21 424	111	11 544	160	16 640	209	21 736	112	11 760	161	16 905	210	22
111	11 433	160	16 480	209	21 527	112	11 648	161	16 744	210	21 840	113	11 865	162	17 010	211	22
112	11 536	161	16 583	210	21 630	113	11 752	162	16 848	211	21 944	114	11 970	163	17 115	212	22
113	11 639	162	16 686	211	21 733	114	11 856	163	16 952	212	22 048	115	12 075	164	17 220	213	22
114	11 742	163	16 789	212	21 836	115	11 960	164	17 056	213	22 152	116	12 180	165	17 325	214	22
115	11 845	164	16 892	213	21 939	116	12 064	165	17 160	214	22 256	117	12 285	166	17 430	215	22
116	11 948	165	16 995	214	22 042	117	12 168	166	17 264	215	22 360	118	12 390	167	17 535	216	22
117	12 051	166	17 098	215	22 145	118	12 272	167	17 368	216	22 464	119	12 495	168	17 640	217	22
118	12 154	167	17 201	216	22 248	119	12 376	168	17 472	217	22 568	120	12 600	169	17 745	218	22
119	12 257	168	17 304	217	22 351	120	12 480	169	17 576	218	22 672	121	12 705	170	17 850	219	22
120	12 360	169	17 407	218	22 454	121	12 584	170	17 680	219	22 776	122	12 810	171	17 955	220	23
121	12 463	170	17 510	219	22 557	122	12 688	171	17 784	220	22 880	123	12 915	172	18 060	221	23
122	12 566	171	17 613	220	22 660	123	12 792	172	17 888	221	22 984	124	13 020	173	18 165	222	23
123	12 669	172	17 716	221	22 763	124	12 896	173	17 992	222	23 088	125	13 125	174	18 270	223	23
124	12 772	173	17 819	222	22 866	125	13 000	174	18 096	223	23 192	126	13 230	175	18 375	224	23
125	12 875	174	17 922	223	22 969	126	13 104	175	18 200	224	23 296	127	13 335	176	18 480	225	23
126	12 978	175	18 025	224	23 072	127	13 208	176	18 304	225	23 400	128	13 440	177	18 585	226	23
127	13 081	176	18 128	225	23 175	128	13 312	177	18 408	226	23 504	129	13 545	178	18 690	227	23
128	13 184	177	18 231	226	23 278	129	13 416	178	18 512	227	23 608	130	13 650	179	18 795	228	23
129	13 287	178	18 334	227	23 381	130	13 520	179	18 616	228	23 712	131	13 755	180	18 900	229	24
130	13 390	179	18 437	228	23 484	131	13 624	180	18 720	229	23 816	132	13 860	181	19 005	230	24
131	13 493	180	18 540	229	23 587	132	13 728	181	18 824	230	23 920	133	13 965	182	19 110	231	24
132	13 596	181	18 643	230	23 690	133	13 832	182	18 928	231	24 024	134	14 070	183	19 215	232	24
133	13 699	182	18 746	231	23 793	134	13 936	183	19 032	232	24 128	135	14 175	184	19 320	233	24
134	13 802	183	18 849	232	23 896	135	14 040	184	19 136	233	24 232	136	14 280	185	19 425	234	24
135	13 905	184	18 952	233	23 999	136	14 144	185	19 240	234	24 336	137	14 385	186	19 530	235	24
136	14 008	185	19 055	234	24 102	137	14 248	186	19 344	235	24 440	138	14 490	187	19 635	236	24
137	14 111	186	19 158	235	24 205	138	14 352	187	19 448	236	24 544	139	14 595	188	19 740	237	24
138	14 214	187	19 261	236	24 308	139	14 456	188	19 552	237	24 648	140	14 700	189	19 845	238	24
139	14 317	188	19 364	237	24 411	140	14 560	189	19 656	238	24 752	141	14 805	190	19 950	239	25
140	14 420	189	19 467	238	24 514	141	14 664	190	19 760	239	24 856	142	14 910	191	20 055	240	25
141	14 523	190	19 570	239	24 617	142	14 768	191	19 864	240	24 960	143	15 015	192	20 160	241	25
142	14 626	191	19 673	240	24 720	143	14 872	192	19 968	241	25 064	144	15 120	193	20 265	242	25
143	14 729	192	19 776	241	24 823	144	14 976	193	20 072	242	25 168	145	15 225	194	20 370	243	25
144	14 832	193	19 879	242	24 926	145	15 080	194	20 176	243	25 272	146	15 330	195	20 475	244	25
145	14 935	194	19 982	243	25 029	146	15 184	195	20 280	244	25 376	147	15 435	196	20 580	245	25
146	15 038	195	20 085	244	25 132	147	15 288	196	20 384	245	25 480	148	15 540	197	20 685	246	25
147	15 141	196	20 188	245	25 235	148	15 392	197	20 488	246	25 584	149	15 645	198	20 790	247	25
148	15 244	197	20 291	246	25 338	149	15 496	198	20 592	247	25 688	150	15 750	199	20 895	248	26
149	15 347	198	20 394	247	25 441	150	15 600	199	20 696	248	25 792	151	15 855	200	21 000	249	26
150	15 450	199	20 497	248	25 544	151	15 704	200	20 800	249	25 896	152	15 960	201	21 105	250	26
151	15 553	200	20 600	249	25 647	152	15 808	201	20 904	250	26 000	153	16 065	202	21 210	251	26

106					
6	11 236	155	16 430	204	21 624
7	11 342	156	16 536	205	21 730
8	11 448	157	16 642	206	21 836
9	11 554	158	16 748	207	21 942
0	11 660	159	16 854	208	22 048
1	11 766	160	16 960	209	22 154
2	11 872	161	17 066	210	22 260
3	11 978	162	17 172	211	22 366
4	12 084	163	17 278	212	22 472
5	12 190	164	17 384	213	22 578
6	12 296	165	17 490	214	22 684
7	12 402	166	17 596	215	22 790
8	12 508	167	17 702	216	22 899
9	12 614	168	17 808	217	23 002
0	12 720	169	17 914	218	23 108
1	12 826	170	18 020	219	23 214
2	12 932	171	18 126	220	23 320
3	13 038	172	18 232	221	23 426
4	13 144	173	18 338	222	23 552
5	13 250	174	18 444	223	23 638
6	13 356	175	18 550	224	23 744
7	13 462	176	18 656	225	23 850
8	13 568	177	18 762	226	23 956
9	13 674	178	18 868	227	24 062
0	13 780	179	18 974	228	24 168
1	13 886	180	19 080	229	24 274
2	13 992	181	19 186	230	24 380
3	14 098	182	19 292	231	24 486
4	14 204	183	19 398	232	24 592
5	14 310	184	19 504	233	24 698
6	14 416	185	19 610	234	24 804
7	14 522	186	19 716	235	24 910
8	14 628	187	19 822	236	25 016
9	14 734	188	19 928	237	25 122
0	14 840	189	20 034	238	25 228
1	14 946	190	20 140	239	25 334
2	15 052	191	20 246	240	25 440
3	15 158	192	20 352	241	25 546
4	15 264	193	20 458	242	25 652
5	15 370	194	20 564	243	25 758
46	15 476	195	20 670	244	25 864
47	15 582	196	20 776	245	25 970
48	15 688	197	20 882	246	26 076
49	15 794	198	20 988	247	26 182
50	15 900	199	21 094	248	26 288
51	16 006	200	21 200	249	26 394
52	16 112	201	21 306	250	26 500
53	16 218	202	21 412	251	26 606
54	16 324	203	21 518	252	26 712

107					
107	11 449	156	16 692	205	21 935
108	11 556	157	16 799	206	22 042
109	11 663	158	16 906	207	22 149
110	11 770	159	17 013	208	22 256
111	11 877	160	17 120	209	22 363
112	11 984	161	17 227	210	22 470
113	12 091	162	17 334	211	22 577
114	12 198	163	17 441	212	22 684
115	12 305	164	17 548	213	22 791
116	12 412	165	17 655	214	22 898
117	12 519	166	17 762	215	23 005
118	12 626	167	17 869	216	23 112
119	12 733	168	17 976	217	23 219
120	12 840	169	18 083	218	23 326
121	12 947	170	18 190	219	23 433
122	13 054	171	18 297	220	23 540
123	13 161	172	18 404	221	23 647
124	13 268	173	18 511	222	23 754
125	13 375	174	18 618	223	23 861
126	13 482	175	18 725	224	23 968
127	13 589	176	18 832	225	24 075
128	13 696	177	18 939	226	24 182
129	13 803	178	19 046	227	24 289
130	13 910	179	19 153	228	24 396
131	14 017	180	19 260	229	24 503
132	14 124	181	19 367	230	24 610
133	14 231	182	19 474	231	24 717
134	14 338	183	19 581	232	24 824
135	14 445	184	19 688	233	24 931
136	14 552	185	19 795	234	25 038
137	14 659	186	19 902	235	25 145
138	14 766	187	20 009	236	25 252
139	14 873	188	20 116	237	25 359
140	14 980	189	20 223	238	25 466
141	15 087	190	20 330	239	25 573
142	15 194	191	20 437	240	25 680
143	15 301	192	20 544	241	25 787
144	15 408	193	20 651	242	25 894
145	15 515	194	20 758	243	26 001
146	15 622	195	20 865	244	26 108
147	15 729	196	20 972	245	26 215
148	15 836	197	20 079	246	26 322
149	15 943	198	21 186	247	26 429
150	16 050	199	21 293	248	26 536
151	16 157	100	21 400	249	26 643
152	16 264	201	21 507	250	26 750
153	16 371	202	21 614	251	26 857
154	16 478	203	21 721	252	26 964
155	16 585	204	21 828	253	27 071

108					
108	11 664	157	16 956	206	22 248
109	11 772	158	17 064	207	22 356
110	11 880	159	17 172	208	22 464
111	11 988	160	17 280	209	22 572
112	12 096	161	17 388	210	22 680
113	12 204	162	17 496	211	22 788
114	12 312	163	17 604	212	22 896
115	12 420	164	17 712	213	23 004
116	12 528	165	17 820	214	23 112
117	12 636	166	17 928	215	23 220
118	12 744	167	18 036	216	23 328
119	12 852	168	18 144	217	23 436
120	12 960	169	18 252	218	23 544
121	13 068	170	18 360	219	23 652
122	13 176	171	18 468	220	23 760
123	13 284	172	18 576	221	23 868
124	13 392	173	18 684	222	23 976
125	13 500	174	18 792	223	24 084
126	13 608	175	18 900	224	24 192
127	13 716	176	19 008	225	24 300
128	13 824	177	19 116	226	24 408
129	13 932	178	19 224	227	24 516
130	14 040	179	19 332	228	24 624
131	14 148	180	19 440	229	24 732
132	14 256	181	19 548	230	24 840
133	14 364	182	19 656	231	24 948
134	14 472	183	19 764	232	25 056
135	14 580	184	19 872	233	25 164
136	14 688	185	19 980	234	25 272
137	14 796	186	20 088	235	25 380
138	14 904	187	20 196	236	25 488
139	15 012	188	20 304	237	25 596
140	15 120	189	20 412	238	25 704
141	15 228	190	20 520	239	25 812
142	15 336	191	20 628	240	25 920
143	15 444	192	20 736	241	26 028
144	15 552	193	20 844	242	26 136
145	15 660	194	20 952	243	26 244
146	15 768	195	21 060	244	26 352
147	15 876	196	21 168	245	26 460
148	15 984	197	21 276	246	26 568
149	16 092	198	21 384	247	26 676
150	16 200	199	21 492	248	26 784
151	16 308	200	21 600	249	26 892
152	16 416	201	21 708	250	27 000
153	16 524	202	21 816	251	27 108
154	16 632	203	21 924	252	27 216
155	16 740	204	22 032	253	27 324
156	16 848	205	22 140	254	27 432

109						110						111					
109	11 881	158	17 222	207	22 563	110	12 100	159	17 490	208	22 880	111	12 321	160	17 760	209	23 1
110	11 990	159	17 331	208	22 672	111	12 210	160	17 600	209	22 990	112	12 432	161	17 871	210	23 3
111	12 099	160	17 440	209	22 781	112	12 320	161	17 710	210	23 100	113	12 543	162	17 982	211	23 4
112	12 208	161	17 549	210	22 890	113	12 430	162	17 820	211	23 210	114	12 654	163	18 093	212	23 5
113	12 317	162	17 658	211	22 999	114	12 540	163	17 930	212	23 320	115	12 765	164	18 204	213	23 6
114	12 426	163	17 767	212	23 108	115	12 650	164	18 040	213	23 430	116	12 876	165	18 315	214	23 7
115	12 535	164	17 876	213	23 217	116	12 760	165	18 150	214	23 540	117	12 987	166	18 426	215	23 8
116	12 644	165	17 985	214	23 326	117	12 870	166	18 260	215	23 650	118	13 098	167	18 537	216	23 9
117	12 753	166	18 094	215	23 435	118	12 980	167	18 370	216	23 760	119	13 209	168	18 648	217	24 0
118	12 862	167	18 203	216	23 544	119	13 090	168	18 480	217	23 870	120	13 320	169	18 759	218	24 1
119	12 971	168	18 312	217	23 653	120	13 200	169	18 590	218	23 980	121	13 431	170	18 870	219	24 3
120	13 080	169	18 421	218	23 762	121	13 310	170	18 700	219	24 090	122	13 542	171	18 981	220	24 4
121	13 189	170	18 530	219	23 871	122	13 420	171	18 810	220	24 200	123	13 653	172	19 092	221	24 5
122	13 298	171	18 639	220	23 980	123	13 530	172	18 920	221	24 310	124	13 764	173	19 203	222	24 6
123	13 407	172	18 748	221	24 089	124	13 640	173	19 030	222	24 420	125	13 875	174	19 314	223	24 7
124	13 516	173	18 857	222	24 198	125	13 750	174	19 140	223	24 530	126	13 986	175	19 425	224	24 8
125	13 625	174	18 966	223	24 307	126	13 860	175	19 250	224	24 640	127	14 097	176	19 536	225	24 9
126	13 734	175	19 075	224	24 416	127	13 970	176	19 360	225	24 750	128	14 208	177	19 647	226	25 0
127	13 843	176	19 184	225	24 525	128	14 080	177	19 470	226	24 860	129	14 319	178	19 758	227	25 1
128	13 952	177	19 293	226	24 634	129	14 190	178	19 580	227	24 970	130	14 430	179	19 869	228	25 3
129	14 061	178	19 402	227	24 743	130	14 300	179	19 690	228	25 080	131	14 541	180	19 980	229	25
130	14 170	179	19 511	228	24 852	131	14 410	180	19 800	229	25 190	132	14 652	181	20 091	230	25
131	14 279	180	19 620	229	24 961	132	14 520	181	19 910	230	25 300	133	14 763	182	20 202	231	25
132	14 388	181	19 729	230	25 070	133	14 630	182	20 020	231	25 410	134	14 874	183	20 313	232	25
133	14 497	182	19 838	231	25 179	134	14 740	183	20 130	232	25 520	135	14 985	184	20 424	233	25
134	14 606	183	19 947	232	25 288	135	14 850	184	20 240	233	25 630	136	15 096	185	20 535	234	25
135	14 715	184	20 056	233	25 397	136	14 960	185	20 350	234	25 740	137	15 207	186	20 646	235	26
136	14 824	185	20 165	234	25 506	137	15 070	186	20 460	235	25 850	138	15 318	187	20 757	236	26
137	14 933	186	20 274	235	25 615	138	15 180	187	20 570	236	25 960	139	15 429	188	20 868	237	26
138	15 042	187	20 383	236	25 724	139	15 290	188	20 680	237	26 070	140	15 540	189	20 979	238	26
139	15 151	188	20 492	237	25 833	140	15 400	189	20 790	238	26 180	141	15 651	190	21 090	239	26
140	15 260	189	20 601	238	25 942	141	15 510	190	20 900	239	26 290	142	15 762	191	21 201	240	26
141	15 369	190	20 710	239	26 051	142	15 620	191	21 010	240	26 400	143	15 873	192	21 312	241	26
142	15 478	191	20 819	240	26 160	143	15 730	192	21 120	241	26 510	144	15 984	193	21 423	242	26
143	15 587	192	20 928	241	26 269	144	15 840	193	21 230	242	26 620	145	16 095	194	21 534	243	26
144	15 696	193	21 037	242	26 378	145	15 950	194	21 340	243	26 730	146	16 206	195	21 645	244	27
145	15 805	194	21 146	243	26 487	146	16 060	195	21 450	244	26 840	147	16 317	196	21 756	245	27
146	15 914	195	21 255	244	26 596	147	16 170	196	21 560	245	26 950	148	16 428	197	21 867	246	27
147	16 023	196	21 364	245	26 705	148	16 280	197	21 670	246	27 060	149	16 539	198	21 978	247	27
148	16 132	197	21 473	246	26 814	149	16 390	198	21 780	247	27 170	150	16 650	199	22 089	248	27
149	16 241	198	21 582	247	26 923	150	16 500	199	21 890	248	27 280	151	16 761	200	22 200	249	27
150	16 350	199	21 691	248	27 032	151	16 610	200	22 000	249	27 390	152	16 872	201	22 311	250	27
151	16 459	200	21 800	249	27 141	152	16 720	201	22 110	250	27 500	153	16 983	202	22 422	251	27
152	16 568	201	21 909	250	27 250	153	16 830	202	22 220	251	27 610	154	17 094	203	22 533	252	27
153	16 677	202	22 018	251	27 359	154	16 940	203	22 330	252	27 720	155	17 205	204	22 644	253	28
154	16 786	203	22 127	252	27 468	155	17 050	204	22 440	253	27 830	156	17 316	205	22 755	254	28
155	16 895	204	22 236	253	27 577	156	17 160	205	22 550	254	27 940	157	17 427	206	22 866	255	28
156	17 004	205	22 345	254	27 686	157	17 270	206	22 660	255	28 050	158	17 538	207	22 977	256	28
157	17 113	206	22 454	255	27 795	158	17 380	207	22 770	256	28 160	159	17 649	208	23 088	257	28

112						113						114					
2	12 544	161	18 032	210	23 520	113	12 769	162	18 306	211	23 843	114	12 996	163	18 582	212	24 168
3	12 656	162	18 144	211	23 632	114	12 882	163	18 419	212	23 956	115	13 110	164	18 696	213	24 282
4	12 768	163	18 256	212	23 744	115	12 995	164	18 532	213	24 069	116	13 224	165	18 810	214	24 396
5	12 880	164	18 368	213	23 856	116	13 108	165	18 645	214	24 182	117	13 338	166	18 924	215	24 510
6	12 992	165	18 480	214	23 968	117	13 221	166	18 758	215	24 295	118	13 452	167	19 038	216	24 624
7	13 104	166	18 592	215	24 080	118	13 334	167	18 871	216	24 408	119	13 566	168	19 152	217	24 738
8	13 216	167	18 704	216	24 192	119	13 447	168	18 984	217	24 521	120	13 680	169	19 266	218	24 852
9	13 328	168	18 816	217	24 304	120	13 560	169	19 097	218	24 634	121	13 794	170	19 380	219	24 966
0	13 440	169	18 928	218	24 416	121	13 673	170	19 210	219	24 747	122	13 908	171	19 494	220	25 080
1	13 552	170	19 040	219	24 528	122	13 786	171	19 323	220	24 860	123	14 022	172	19 608	221	25 194
2	13 664	171	19 152	220	24 640	123	13 899	172	19 436	221	24 973	124	14 136	173	19 722	222	25 308
3	13 776	172	19 264	221	24 752	124	14 012	173	19 549	222	25 086	125	14 250	174	19 836	223	25 422
4	13 888	173	19 376	222	24 864	125	14 125	174	19 662	223	25 199	126	14 364	175	19 950	224	25 536
5	14 000	174	19 488	223	24 976	126	14 238	175	19 775	224	25 312	127	14 478	176	20 064	225	25 650
6	14 112	175	19 600	224	25 088	127	14 351	176	19 888	225	25 425	128	14 592	177	20 178	226	25 764
7	14 224	176	19 712	225	25 200	128	14 464	177	20 001	226	25 538	129	14 706	178	20 292	227	25 878
8	14 336	177	19 824	226	25 312	129	14 577	178	20 114	227	25 651	130	14 820	179	20 406	228	25 992
9	14 448	178	19 936	227	25 424	130	14 690	179	20 227	228	25 764	131	14 934	180	20 520	229	26 106
0	14 560	179	20 048	228	25 536	131	14 803	180	20 340	229	25 877	132	15 048	181	20 634	230	26 220
1	14 672	180	20 160	229	25 648	132	14 916	181	20 453	230	25 990	133	15 162	182	20 748	221	26 334
2	14 784	181	20 272	230	25 760	133	15 029	182	20 566	231	26 103	134	15 276	183	20 862	232	26 448
3	14 896	182	20 384	231	25 872	134	15 142	183	20 679	232	26 216	135	15 390	184	20 976	233	26 562
4	15 008	183	20 496	232	25 984	135	15 255	184	20 792	233	26 329	136	15 504	185	21 090	234	26 676
5	15 120	184	20 608	233	26 096	136	15 368	185	20 905	234	26 442	137	15 618	186	21 204	235	26 790
6	15 232	185	20 720	234	26 208	137	15 481	186	21 018	235	26 555	138	15 732	187	21 318	236	26 904
7	15 344	186	20 832	235	26 320	138	15 594	187	21 131	236	26 668	139	15 846	188	21 432	237	27 018
8	15 456	187	20 944	236	26 432	139	15 707	188	21 244	237	26 781	140	15 960	189	21 546	238	27 132
9	15 568	188	21 056	237	26 544	140	15 820	189	21 357	238	26 894	141	16 074	190	21 660	239	27 246
0	15 680	189	21 168	238	26 656	141	15 933	190	21 470	239	27 007	142	16 188	191	21 774	240	27 360
1	15 792	190	21 280	239	26 768	142	16 046	191	21 583	240	27 120	143	16 302	192	21 888	241	27 474
2	15 904	191	21 392	240	26 880	143	16 159	192	21 696	241	27 233	144	16 416	193	22 002	242	27 588
3	16 016	192	21 504	241	26 992	144	16 272	193	21 809	242	27 346	145	16 530	194	22 116	243	27 702
4	16 128	193	21 616	242	27 104	145	16 385	194	21 922	243	27 459	146	16 644	195	22 230	244	27 816
5	16 240	194	21 728	243	27 216	146	16 498	195	22 035	244	27 572	147	16 758	196	22 344	245	27 930
6	16 352	195	21 840	244	27 328	147	16 611	196	22 148	245	27 685	148	16 872	197	22 458	246	28 044
7	16 464	196	21 952	245	27 440	148	16 724	197	22 261	246	27 798	149	16 986	198	22 572	247	28 158
8	16 576	197	22 064	246	27 552	149	16 837	198	22 374	247	27 911	150	17 100	199	22 686	248	28 272
9	16 688	198	22 176	247	27 664	150	16 950	199	22 487	248	28 024	151	17 214	200	22 800	249	28 386
0	16 800	199	22 288	248	27 776	151	17 063	200	22 600	249	28 137	152	17 328	201	22 914	250	28 500
1	16 912	200	22 400	249	27 888	152	17 176	201	22 713	250	28 250	153	17 442	202	23 028	251	28 614
2	17 024	201	22 512	250	28 000	153	17 289	202	22 826	251	28 363	154	17 556	203	23 142	252	28 728
3	17 136	202	22 624	251	28 112	154	17 402	203	22 939	252	28 476	155	17 670	204	23 256	253	28 842
4	17 248	203	22 736	252	28 224	155	17 515	204	23 052	253	28 589	156	17 784	205	23 370	254	28 956
5	17 360	204	22 848	253	28 336	156	17 628	205	23 165	254	28 702	157	17 898	206	23 484	255	29 070
6	17 472	205	22 960	254	28 448	157	17 741	206	23 278	255	28 815	158	18 012	207	23 598	256	29 184
7	17 584	206	23 072	255	28 560	158	17 854	207	23 391	256	28 928	159	18 126	208	23 712	257	29 298
8	17 696	207	23 184	256	28 672	159	17 967	208	23 504	257	29 041	160	18 240	209	23 826	258	29 412
9	17 808	208	23 296	257	28 784	160	18 080	209	23 617	258	29 154	161	18 354	210	23 940	259	29 526
0	17 920	209	23 408	258	28 896	161	18 193	210	23 730	259	29 267	162	18 468	211	24 054	260	29 640

115					
115	13 225	164	18 860	213	24 495
116	13 340	165	18 975	214	24 610
117	13 455	166	19 090	215	24 725
118	13 570	167	19 205	216	24 840
119	13 685	168	19 320	217	24 955
120	13 800	169	19 435	218	25 070
121	13 915	170	19 550	219	25 185
122	14 030	171	19 665	220	25 300
123	14 145	172	19 780	221	25 415
124	14 260	173	19 895	222	25 530
125	14 375	174	20 010	223	25 645
126	14 490	175	20 125	224	25 760
127	14 605	176	20 240	225	25 875
128	14 720	177	20 355	226	25 990
129	14 835	178	20 470	227	26 105
130	14 950	179	20 585	228	26 220
131	15 065	180	20 700	229	26 335
132	15 180	181	20 815	230	26 450
133	15 295	182	20 930	231	26 565
134	15 410	183	21 045	232	26 680
135	15 525	184	21 160	233	26 795
136	15 640	185	21 275	234	26 910
137	15 755	186	21 390	235	27 025
138	15 870	187	21 505	236	27 140
139	15 985	188	21 620	237	27 255
140	16 100	189	21 735	238	27 370
141	16 215	190	21 850	239	27 485
142	16 330	191	21 965	240	27 600
143	16 445	192	22 080	241	27 715
144	16 560	193	22 195	242	27 830
145	16 675	194	22 310	243	27 945
146	16 790	195	22 425	244	28 060
147	16 905	196	22 540	245	28 175
148	17 020	197	22 655	246	28 290
149	17 135	198	22 770	247	28 405
150	17 250	199	22 885	248	28 520
151	17 365	200	23 000	249	28 635
152	17 480	201	23 115	250	28 750
153	17 595	202	23 230	251	28 865
154	17 710	203	23 345	252	28 980
155	17 825	204	23 460	253	29 095
156	17 940	205	23 575	254	29 210
157	18 055	206	23 690	255	29 325
158	18 170	207	23 805	256	29 440
159	18 285	208	23 920	257	29 555
160	18 400	209	24 035	258	29 670
161	18 515	210	24 150	259	29 785
162	18 630	211	24 265	260	29 900
163	18 745	212	24 380	261	30 015

116					
116	13 456	165	19 140	214	24 824
117	13 572	166	19 256	215	24 940
118	13 688	167	19 372	216	25 056
119	13 804	168	19 488	217	25 172
120	13 920	169	19 604	218	25 288
121	14 036	170	19 720	219	25 404
122	14 152	171	19 836	220	25 520
123	14 268	172	19 952	221	25 636
124	14 384	173	20 068	222	25 752
125	14 500	174	20 184	223	25 868
126	14 616	175	20 300	224	25 984
127	14 732	176	29 416	225	26 100
128	14 848	177	20 532	226	26 216
129	14 964	178	20 648	227	26 332
130	15 080	179	20 764	228	26 448
131	15 196	180	20 880	229	26 554
132	15 312	181	20 996	230	26 680
133	15 428	182	21 112	231	26 796
134	15 544	183	21 228	232	26 912
135	15 660	184	21 344	233	27 028
136	15 776	185	21 460	234	27 144
137	15 892	186	21 576	235	27 260
138	16 008	187	21 692	236	27 376
139	16 124	188	21 808	237	27 492
140	16 240	189	21 924	238	27 608
141	16 356	190	22 040	239	27 724
142	16 472	191	22 156	240	27 840
143	16 588	192	22 272	241	27 956
144	16 704	193	22 388	242	28 072
145	16 820	194	22 504	243	28 188
146	16 936	195	22 620	244	28 304
147	17 052	196	22 736	245	28 420
148	17 168	197	22 852	246	28 536
149	17 284	198	22 968	247	28 652
150	17 400	199	23 084	248	28 768
151	17 516	200	23 200	249	28 884
152	17 632	201	23 316	250	29 000
153	17 748	202	23 432	251	29 116
154	17 864	203	23 548	252	29 232
155	17 980	204	23 664	253	29 348
156	18 096	205	23 780	254	29 464
157	18 212	206	23 896	255	29 580
158	18 328	207	24 012	256	29 696
159	18 444	208	24 128	257	29 812
160	18 560	209	24 244	258	29 928
161	18 676	210	24 360	259	30 044
162	18 792	211	24 476	260	30 160
163	18 908	212	24 592	261	30 276
164	19 024	213	24 708	262	30 392

117					
117	13 689	166	19 422	215	25…
118	13 806	167	19 539	216	25…
119	13 923	168	19 656	217	25…
120	14 040	169	19 773	218	25…
121	14 157	170	19 890	219	25…
122	14 274	171	20 007	220	25…
123	14 391	172	20 124	221	25…
124	14 508	173	20 241	222	25…
125	14 625	174	20 358	223	26…
126	14 742	175	20 475	224	26…
127	14 859	176	20 592	225	2…
128	14 976	177	20 709	226	26…
129	15 093	178	20 826	227	26…
130	15 210	179	20 943	228	2…
131	15 327	180	21 060	229	26…
132	15 444	181	21 177	230	2…
133	15 561	182	21 294	221	27…
134	15 678	183	21 411	232	27…
135	15 795	184	21 528	233	27…
136	15 912	185	21 645	234	27…
137	16 029	186	21 762	235	27…
138	16 146	187	21 879	236	27…
139	16 263	188	21 996	237	2…
140	16 380	189	22 113	238	27…
141	16 497	190	22 230	239	27…
142	16 614	191	22 347	240	28…
143	16 731	192	22 464	241	2…
144	16 848	193	22 581	242	2…
145	16 965	194	22 698	243	2…
146	17 082	195	22 815	244	2…
147	17 199	196	22 932	245	2…
148	17 316	197	23 049	246	2…
149	17 433	198	23 166	247	2…
150	17 550	199	23 283	248	2…
151	17 667	200	23 400	249	2…
152	17 784	201	23 517	250	2…
153	17 901	202	23 634	251	2…
154	18 018	203	23 751	252	2…
155	18 135	204	23 868	253	2…
156	18 252	205	23 985	254	2…
157	18 369	206	24 102	255	2…
158	18 486	207	24 219	256	2…
159	18 603	208	24 335	257	3…
160	18 720	209	24 453	258	3…
161	18 837	210	24 570	259	3…
162	18 954	211	24 687	260	3…
163	19 071	212	24 804	261	3…
164	19 188	213	24 921	262	3…
165	19 305	214	25 038	263	3…

118				
13 924	167	19 706	216	25 488
14 042	168	19 824	217	25 606
14 160	169	19 942	218	25 724
14 278	170	20 060	219	25 842
14 396	171	20 178	220	25 960
14 514	172	20 296	221	26 078
14 632	173	20 414	222	26 196
14 750	174	20 532	223	26 314
14 868	175	20 650	224	26 432
14 986	176	20 768	225	26 550
15 104	177	20 886	226	26 668
15 222	178	21 004	227	26 786
15 340	179	21 122	228	26 904
15 458	180	21 240	229	27 022
15 576	181	21 358	230	27 140
15 694	182	21 476	231	27 258
15 812	183	21 594	232	27 376
15 930	184	21 712	233	27 494
16 048	185	21 830	234	27 612
16 166	186	21 948	235	27 730
16 284	187	22 066	236	27 848
16 402	188	22 184	237	27 966
16 520	189	22 302	238	28 084
16 638	190	22 420	239	28 202
16 756	191	22 538	240	28 320
16 874	192	22 656	241	28 438
16 992	193	22 774	242	28 556
17 110	194	22 892	243	28 674
17 228	195	23 010	244	28 792
17 346	196	23 128	245	28 910
17 464	197	23 246	246	29 028
17 582	198	23 364	247	29 146
17 700	199	23 482	248	29 264
17 818	200	23 600	249	29 382
17 936	201	23 718	250	29 500
18 054	202	23 836	251	29 618
18 172	203	23 954	252	29 736
18 290	204	24 072	253	29 854
18 408	205	24 190	254	29 972
18 526	206	24 308	255	30 090
18 644	207	24 426	256	30 208
18 762	208	24 544	257	30 326
18 880	209	24 662	258	30 444
18 998	210	24 780	259	30 562
19 116	211	24 898	260	30 680
19 234	212	25 016	261	30 798
19 352	213	25 134	262	30 916
19 470	214	25 252	263	31 034
19 588	215	25 370	264	31 152

119					
119	14 161	168	19 992	217	25 823
120	14 280	169	20 111	218	25 942
121	14 399	170	20 230	219	26 061
122	14 518	171	20 349	220	26 180
123	14 637	172	20 468	221	26 299
124	14 756	173	20 587	222	26 418
125	14 875	174	20 706	223	26 537
126	14 994	175	20 825	224	26 656
127	15 113	176	20 944	225	26 775
128	15 232	177	21 063	226	26 894
129	15 351	178	21 182	227	27 013
130	15 470	179	21 301	228	27 132
131	15 589	180	21 420	229	27 251
132	15 708	181	21 539	230	27 370
133	15 827	182	21 658	231	27 489
134	15 946	183	21 777	232	27 608
135	16 065	184	21 896	233	27 727
136	16 184	185	22 015	234	27 846
137	16 303	186	22 134	235	27 965
138	16 422	187	22 253	236	28 084
139	16 541	188	22 372	237	28 203
140	16 660	189	22 491	238	28 322
141	16 779	190	22 610	239	28 441
142	16 898	191	22 729	240	28 560
143	17 017	192	22 848	241	28 679
144	17 136	193	22 967	242	28 798
145	17 255	194	23 086	243	28 917
146	17 374	195	23 205	244	29 036
147	17 493	196	23 324	245	29 155
148	17 612	197	23 443	246	29 274
149	17 731	198	23 562	247	29 393
150	17 850	199	23 681	248	29 512
151	17 969	200	23 800	249	29 631
152	18 088	201	23 919	250	29 750
153	18 207	202	24 038	251	29 869
154	18 326	203	24 157	252	29 988
155	18 445	204	24 276	253	30 107
156	18 564	205	24 395	254	30 226
157	18 683	206	24 514	255	30 345
158	18 802	207	24 633	256	30 464
159	18 921	208	24 752	257	30 583
160	19 040	209	24 871	258	30 702
161	19 159	210	24 990	259	30 821
162	19 278	211	25 109	260	30 940
163	19 397	212	25 228	261	31 059
164	19 516	213	25 347	262	31 178
165	19 635	214	25 466	263	31 297
166	19 754	215	25 585	246	31 416
167	19 873	216	25 704	265	31 535

120					
120	14 400	169	20 280	218	26 160
121	14 520	170	20 400	219	26 280
122	14 640	171	20 520	220	26 400
123	14 760	172	20 640	221	26 520
124	14 880	173	20 760	222	26 640
125	15 000	174	20 880	223	26 760
126	15 120	175	21 000	224	26 880
127	15 240	176	21 120	225	27 000
128	15 360	177	21 240	226	27 120
129	15 480	178	21 360	227	27 240
130	15 600	179	21 480	228	27 360
131	15 720	180	21 600	229	27 480
132	15 840	181	21 720	230	27 600
133	15 960	182	21 840	231	27 720
134	16 080	183	21 960	232	27 840
135	16 200	184	22 080	233	27 960
136	16 320	185	22 200	234	28 080
137	16 440	186	22 320	235	28 200
138	16 560	187	22 440	236	28 320
139	16 680	188	22 560	237	28 440
140	16 800	189	22 680	238	28 560
141	16 920	190	22 800	239	28 680
142	17 040	191	22 920	240	28 800
143	17 160	192	23 040	241	28 920
144	17 280	193	23 160	242	29 040
145	17 400	194	23 280	243	29 160
146	17 520	195	23 400	244	29 280
147	17 640	196	23 520	245	29 400
148	17 760	197	23 640	246	29 520
149	17 880	198	23 760	247	29 640
150	18 000	199	23 880	248	29 760
151	18 120	200	24 000	249	29 880
152	18 240	201	24 120	250	30 000
153	18 360	202	24 240	251	30 120
154	18 480	203	24 360	252	30 240
155	18 600	204	24 480	253	30 360
156	18 720	205	24 600	254	30 480
157	18 840	206	24 720	255	30 600
158	18 960	207	24 840	256	30 720
159	19 080	208	24 960	257	30 840
160	19 200	209	25 080	258	30 960
161	19 320	210	25 200	259	31 080
162	19 440	211	25 320	260	31 200
163	19 560	212	25 440	261	31 320
164	19 680	213	25 560	262	31 440
165	19 800	214	25 680	263	31 560
166	19 920	215	25 800	264	31 680
167	20 040	216	25 920	265	31 800
168	20 160	217	26 040	266	31 920

121					
121	14 641	170	20 570	219	26 499
122	14 762	171	20 691	220	26 620
123	14 883	172	20 812	221	26 741
124	15 004	173	20 933	222	26 862
125	15 125	174	21 054	223	26 983
126	15 246	175	21 175	224	27 104
127	15 367	176	21 296	225	27 225
128	15 488	177	21 417	226	27 346
129	15 609	178	21 538	227	27 467
130	15 730	179	21 659	228	27 588
131	15 851	180	21 780	229	27 709
132	15 972	181	21 901	230	27 830
133	16 093	182	22 022	231	27 951
134	16 214	183	22 143	232	28 072
135	16 335	184	22 264	233	28 193
136	16 456	185	22 385	234	28 314
137	16 577	186	22 506	235	28 435
138	16 698	187	22 627	236	28 556
139	16 819	188	22 748	237	28 677
140	16 940	189	22 869	238	28 798
141	17 061	190	22 990	239	28 919
142	17 182	191	23 111	240	29 040
143	17 303	192	23 232	241	29 161
144	17 424	193	23 353	242	29 282
145	17 545	194	23 474	243	29 403
146	17 666	195	23 595	244	29 524
147	17 787	196	23 716	245	29 645
148	17 908	197	23 837	246	29 766
149	18 029	198	23 958	247	29 887
150	18 150	199	24 079	248	30 008
151	18 271	200	24 200	249	30 129
152	18 392	201	24 321	250	30 250
153	18 513	202	24 442	251	30 371
154	18 634	203	24 563	252	30 492
155	18 755	204	24 684	253	30 613
156	18 876	205	24 805	254	30 734
157	18 997	206	24 926	255	30 855
158	19 118	207	25 047	256	30 976
159	19 239	208	25 168	257	31 097
160	19 360	209	25 289	258	31 218
161	19 481	210	25 410	259	31 339
162	19 602	211	25 531	260	31 460
163	19 723	212	25 652	261	31 581
164	19 844	213	25 773	262	31 702
165	19 965	214	25 894	263	31 823
166	20 086	215	26 015	264	31 944
167	20 207	216	26 136	265	32 065
168	20 328	217	26 257	266	32 186
169	20 449	218	26 378	267	32 307

122					
122	14 884	171	20 862	220	26 840
123	15 006	172	20 984	221	26 962
124	15 128	173	21 106	222	27 084
125	15 250	174	21 228	223	27 206
126	15 372	175	21 350	224	27 328
127	15 494	176	21 472	225	27 450
128	15 616	177	21 594	226	27 572
129	15 738	178	21 716	227	27 694
130	15 860	179	21 838	228	27 816
131	15 982	180	21 960	229	27 938
132	16 104	181	22 082	230	28 060
133	16 226	182	22 204	231	28 182
134	16 348	183	22 326	232	28 304
135	16 470	184	22 448	233	28 426
136	16 592	185	22 570	234	28 548
137	16 714	186	22 692	235	28 670
138	16 836	187	22 814	236	28 792
139	16 958	188	22 936	237	28 914
140	17 080	189	23 058	238	29 036
141	17 202	190	23 180	239	29 158
142	17 324	191	23 302	240	29 280
143	17 446	192	23 424	241	29 402
144	17 568	193	23 546	242	29 524
145	17 690	194	23 668	243	29 646
146	17 812	195	23 790	244	29 768
147	17 934	196	23 912	245	29 890
148	18 056	197	24 034	246	30 012
149	18 178	198	24 156	247	30 134
150	18 300	199	24 278	248	30 256
151	18 422	200	24 400	249	30 378
152	18 544	201	24 522	250	30 500
153	18 666	202	24 644	251	30 622
154	18 788	203	24 766	252	30 744
155	18 910	204	24 888	253	30 866
156	19 032	205	25 010	254	30 988
157	19 154	206	25 132	255	31 110
158	19 276	207	25 254	256	31 232
159	19 398	208	25 376	257	31 354
160	19 520	209	25 498	258	31 476
161	19 642	210	25 620	259	31 598
162	19 764	211	25 742	260	31 720
163	19 886	212	25 864	261	31 842
164	20 008	213	25 986	262	31 964
165	20 130	214	26 108	263	32 086
166	20 252	215	26 230	264	32 208
167	20 374	216	26 352	265	32 330
168	20 496	217	26 474	266	32 452
169	20 618	218	26 596	267	32 574
170	20 740	219	26 718	268	32 696

123					
123	15 129	172	21 156	221	2
124	15 252	173	21 279	222	2
125	15 375	174	21 402	223	2
126	15 498	175	21 525	224	2
127	15 621	176	21 648	225	2
128	15 744	177	21 771	226	2
129	15 867	178	21 894	227	2
130	15 990	179	22 017	228	2
131	16 113	180	22 140	229	2
132	16 236	181	22 263	230	2
133	16 359	182	22 386	221	2
134	16 482	183	22 509	232	2
135	16 605	184	22 632	233	2
136	16 728	185	22 755	234	2
137	16 851	186	22 878	235	2
138	16 974	187	23 001	236	2
139	17 097	188	23 124	237	2
140	17 220	189	23 247	238	2
141	17 343	190	23 370	239	2
142	17 466	191	23 493	240	2
143	17 589	192	23 616	241	2
144	17 712	193	23 739	242	2
145	17 835	194	23 862	243	2
146	17 958	195	23 985	244	3
147	18 081	196	24 108	245	3
148	18 204	197	24 231	246	3
149	18 327	198	24 354	247	3
150	18 450	199	24 477	248	3
151	18 573	200	24 600	249	3
152	18 696	201	24 723	250	3
153	18 819	202	24 846	251	3
154	18 942	203	24 969	252	3
155	19 065	204	25 092	253	3
156	19 188	205	25 215	254	3
157	19 311	206	25 338	255	3
158	19 434	207	25 461	256	3
159	19 557	208	25 584	257	3
160	19 680	209	25 707	258	3
161	19 803	210	25 830	259	3
162	19 926	211	25 953	260	3
163	20 049	212	26 076	261	3
164	20 172	213	26 199	262	3
165	20 295	214	26 322	263	3
166	20 418	215	26 445	264	3
167	20 541	216	26 568	265	3
168	20 664	217	26 691	266	3
169	20 787	218	26 814	267	3
170	20 910	219	26 937	268	3
171	21 033	220	27 060	269	3

124						125						126					
4	15 376	173	21 452	222	27 528	125	15 625	174	21 750	223	27 875	126	15 876	175	22 050	224	28 224
5	15 500	174	21 576	223	27 652	126	15 750	175	21 875	224	28 000	127	16 002	176	22 176	225	28 350
6	15 624	175	21 700	224	27 776	127	15 875	176	22 000	225	28 125	128	16 128	177	22 302	226	28 476
7	15 748	176	21 824	225	27 900	128	16 000	177	22 125	226	28 250	129	16 254	178	22 428	227	28 602
8	15 872	177	21 948	226	28 024	129	16 125	178	22 250	227	28 375	130	16 380	179	22 554	228	28 728
9	15 996	178	22 072	227	28 148	130	16 250	179	22 375	228	28 500	131	16 506	180	22 680	229	28 854
0	16 120	179	22 196	228	28 272	131	16 375	180	22 500	229	28 625	132	16 632	181	22 806	230	28 980
1	16 244	180	22 320	229	28 396	132	16 500	181	22 625	230	28 750	133	16 758	182	22 932	231	29 106
2	16 368	181	22 444	230	28 520	133	16 625	182	22 750	231	28 875	134	16 884	183	23 058	232	29 232
3	16 492	182	22 568	231	28 644	134	16 750	183	22 875	232	29 000	135	17 010	184	23 184	233	29 358
4	16 616	183	22 692	232	28 768	135	16 875	184	23 000	233	29 125	136	17 136	185	23 310	234	29 484
5	16 740	184	22 816	233	28 892	136	17 000	185	23 125	234	29 250	137	17 262	186	23 436	235	29 610
6	16 864	185	22 940	234	29 016	137	17 125	186	23 250	235	29 375	138	17 388	187	23 562	236	29 736
7	16 988	186	23 064	235	29 140	138	17 250	187	23 375	236	29 500	139	17 514	188	23 688	237	29 862
8	17 112	187	23 188	236	29 264	139	17 375	188	23 500	237	29 625	140	17 640	189	23 814	238	29 988
9	17 236	188	23 312	237	29 388	140	17 500	189	23 625	238	29 750	141	17 766	190	23 940	239	30 114
0	17 360	189	23 436	238	29 512	141	17 625	190	23 750	239	29 875	142	17 892	191	24 066	240	30 240
1	17 484	190	23 560	239	29 636	142	17 750	191	23 875	240	30 000	143	18 018	192	24 192	241	30 366
2	17 608	191	23 684	240	29 760	143	17 875	192	24 000	241	30 125	144	18 144	193	24 318	242	30 492
3	17 732	192	23 808	241	29 884	144	18 000	193	24 125	242	30 250	145	18 270	194	24 444	243	30 618
4	17 856	193	23 932	242	30 008	145	18 125	194	24 250	243	30 375	146	18 396	195	24 570	244	30 744
5	17 980	194	24 056	243	30 132	146	18 250	195	24 375	244	30 500	147	18 522	196	24 696	245	30 870
6	18 104	195	24 180	244	30 256	147	18 375	196	24 500	245	30 625	148	18 648	197	24 822	246	30 996
7	18 228	196	24 304	245	30 380	148	18 500	197	24 625	246	30 750	149	18 774	198	24 948	247	31 122
8	18 352	197	24 428	246	30 504	149	18 625	198	24 750	247	30 875	150	18 900	199	25 074	248	31 248
9	18 476	198	24 552	247	30 628	150	18 750	199	24 875	248	31 000	151	19 026	200	25 200	249	31 374
0	18 600	199	24 676	248	30 752	151	18 875	200	25 000	249	31 125	152	19 152	201	25 326	250	31 500
1	18 724	200	24 800	249	30 876	152	19 000	201	25 125	250	31 250	153	19 278	202	25 452	251	31 626
2	18 848	201	24 924	250	31 000	153	19 125	202	25 250	251	31 375	154	19 404	203	25 578	252	31 752
3	18 972	202	25 048	251	31 124	154	19 250	203	25 375	252	31 500	155	19 530	204	25 704	253	31 878
4	19 096	203	25 172	252	31 248	155	19 375	204	25 500	253	31 625	156	19 656	205	25 830	254	32 004
5	19 220	204	25 296	253	31 372	156	19 500	205	25 625	254	31 750	157	19 782	206	25 956	255	32 130
6	19 344	205	25 420	254	31 496	157	19 625	206	25 750	255	31 875	158	19 908	207	26 082	256	32 256
7	19 468	206	25 544	255	31 620	158	19 750	207	25 875	256	32 000	159	20 034	208	26 208	257	32 382
8	19 592	207	25 668	256	31 744	159	19 875	208	26 000	257	32 125	160	20 160	209	26 334	258	32 508
9	19 716	208	25 792	257	31 868	160	20 000	209	26 125	258	32 250	161	20 286	210	26 460	259	32 634
0	19 840	209	25 916	258	31 992	161	20 125	210	26 250	259	32 375	162	20 412	211	26 586	260	32 760
1	19 964	210	26 040	259	32 116	162	20 250	211	26 375	260	32 500	163	20 538	212	26 712	261	32 886
2	20 088	211	26 164	260	32 240	163	20 375	212	26 500	261	32 625	164	20 664	213	26 838	262	33 012
3	20 212	212	26 288	261	32 364	164	20 500	213	26 625	262	32 750	165	20 790	214	26 964	263	33 138
4	20 336	213	26 412	262	32 488	165	20 625	214	26 750	263	32 875	166	20 916	215	27 090	264	33 264
5	20 460	214	26 536	263	32 612	166	20 750	215	26 875	264	33 000	167	21 042	216	27 216	265	33 390
6	20 584	215	26 660	264	32 736	167	20 875	216	27 000	265	33 125	168	21 168	217	27 342	266	33 516
7	20 708	216	26 784	265	32 860	168	21 000	217	27 125	266	33 250	169	21 294	218	27 468	267	33 642
8	20 832	217	26 908	266	32 984	169	21 125	218	27 250	267	33 375	170	21 420	219	27 594	268	33 768
9	20 956	218	27 032	267	33 108	170	21 250	219	27 375	268	33 500	171	21 546	220	27 720	269	33 894
0	21 080	219	27 156	268	33 232	171	21 375	220	27 500	269	33 625	172	21 672	221	27 846	270	34 020
1	21 204	220	27 280	269	33 356	172	21 500	221	27 625	270	33 750	173	21 798	222	27 972	271	34 146
2	21 328	221	27 404	270	33 480	173	21 625	222	27 750	271	33 875	174	21 924	223	28 098	272	34 272

127

127	16 129	176	22 352	225	28 575
128	16 256	177	22 479	226	28 702
129	16 383	178	22 606	227	28 829
130	16 510	179	22 733	228	28 956
131	16 637	180	22 860	229	29 083
132	16 764	181	22 987	230	29 210
133	16 891	182	23 114	231	29 337
134	17 018	183	23 241	232	29 464
135	17 145	184	23 368	233	29 591
136	17 272	185	23 495	234	29 718
137	17 399	186	23 622	235	29 845
138	17 526	187	23 749	236	29 972
139	17 653	188	23 876	237	30 099
140	17 780	189	24 003	238	30 226
141	17 907	190	24 130	239	30 353
142	18 034	191	24 257	240	30 480
143	18 161	192	24 384	241	30 607
144	18 288	193	24 511	242	30 734
145	18 415	194	24 638	243	30 861
146	18 542	195	24 765	244	30 988
147	18 669	196	24 892	245	31 115
148	18 796	197	25 019	246	31 242
149	18 923	198	25 146	247	31 369
150	19 050	199	25 273	248	31 496
151	19 177	200	25 400	249	31 623
152	19 304	201	25 527	250	31 750
153	19 431	202	25 654	251	31 877
154	19 558	203	25 781	252	32 004
155	19 685	204	25 908	253	32 131
156	19 812	205	26 035	254	32 258
157	19 939	206	26 162	255	32 385
158	20 066	207	26 289	256	32 512
159	20 193	208	26 416	257	32 639
160	20 320	209	26 543	258	32 766
161	20 447	210	26 670	259	32 893
162	20 574	211	26 797	260	33 020
163	20 701	212	26 924	261	33 147
164	20 828	213	27 051	262	33 274
165	20 955	214	27 178	263	33 401
166	21 082	215	27 305	264	33 528
167	21 209	216	27 432	265	33 655
168	21 336	217	27 559	266	33 782
169	21 463	218	27 686	267	33 909
170	21 590	219	27 813	268	34 036
171	21 717	220	27 940	269	34 163
172	21 844	221	28 067	270	34 290
173	21 971	222	28 194	271	34 417
174	22 098	223	28 321	272	34 544
175	22 225	224	28 448	273	34 671

128

128	16 384	177	22 656	226	28 928
129	16 512	178	22 784	227	29 056
130	16 640	179	22 912	228	29 184
131	16 768	180	23 040	229	29 312
132	16 896	181	23 168	230	29 440
133	17 024	182	23 296	231	29 568
134	17 152	183	23 424	232	29 696
135	17 280	184	23 552	233	29 824
136	17 408	185	23 680	234	29 952
137	17 536	186	23 808	235	30 080
138	17 664	187	23 936	236	30 208
139	17 792	188	24 064	237	30 336
140	17 920	189	24 192	238	30 464
141	18 048	190	24 320	239	30 592
142	18 176	191	24 448	240	30 720
143	18 304	192	24 576	241	30 848
144	18 432	193	24 704	242	30 976
145	18 560	194	24 832	243	31 104
146	18 688	195	24 960	244	31 232
147	18 816	196	25 088	245	31 360
148	18 944	197	25 216	246	31 488
149	19 072	198	25 344	247	31 616
150	19 200	199	25 472	248	31 744
151	19 328	200	25 600	249	31 872
152	19 456	201	25 728	250	32 000
153	19 584	202	25 856	251	32 128
154	19 712	203	25 984	252	32 256
155	19 840	204	26 112	253	32 384
156	19 968	205	26 240	254	32 512
157	20 096	206	26 368	255	32 640
158	20 224	207	26 496	256	32 768
159	20 352	208	26 624	257	32 896
160	20 480	209	26 752	258	33 024
161	20 608	210	26 880	259	33 152
162	20 736	211	27 008	260	33 280
163	20 864	212	27 136	261	33 408
164	20 992	213	27 264	262	33 536
165	21 120	214	27 392	263	33 664
166	21 248	215	27 520	264	33 792
167	21 376	216	27 648	265	33 920
168	21 504	217	27 776	266	34 048
169	21 632	218	27 904	267	34 176
170	21 760	219	28 032	268	34 304
171	21 888	220	28 160	269	34 432
172	22 016	221	28 288	270	34 560
173	22 144	222	28 416	271	34 688
174	22 272	223	28 544	272	34 816
175	22 400	224	28 672	273	34 944
176	22 528	225	28 800	274	35 072

129

129	16 641	178	22 962	227	29
130	16 770	179	23 091	228	29
131	16 899	180	23 220	229	29
132	17 028	181	23 349	230	29
133	17 157	182	23 478	231	29
134	17 286	183	23 607	232	29
135	17 415	184	23 736	233	30
136	17 544	185	23 865	234	30
137	17 673	186	23 994	235	30
138	17 802	187	24 123	236	30
139	17 931	188	24 252	237	30
140	18 060	189	24 381	238	30
141	18 189	190	24 510	239	30
142	18 318	191	24 639	240	30
143	18 447	192	24 768	241	31
144	18 576	193	24 897	242	31
145	18 705	194	25 026	243	31
146	18 834	195	25 155	244	31
147	18 963	196	25 284	245	31
148	19 092	197	25 413	246	31
149	19 221	198	25 542	247	31
150	19 350	199	25 671	248	31
151	19 479	200	25 800	249	32
152	19 608	201	25 929	250	32
153	19 737	202	26 058	251	32
154	19 866	203	26 187	252	32
155	19 995	204	26 316	253	32
156	20 124	205	26 445	254	32
157	20 253	206	26 574	255	32
158	20 382	207	26 703	256	33
159	20 511	208	26 832	257	33
160	20 640	209	26 961	258	33
161	20 769	210	27 090	259	33
162	20 898	211	27 219	260	33
163	21 027	212	27 348	261	33
164	21 156	213	27 477	262	33
165	21 285	214	27 606	263	33
166	21 414	215	27 735	264	34
167	21 543	216	27 864	265	34
168	21 672	217	27 993	266	34
169	21 801	218	28 122	267	34
170	21 930	219	28 251	268	34
171	22 059	220	28 380	269	34
172	22 188	221	28 509	270	34
173	22 317	222	28 638	271	34
174	22 446	223	28 767	272	35
175	22 575	224	28 896	273	35
176	22 704	225	29 025	274	35
177	22 833	226	29 154	275	35

130						131						132					
30	16 900	179	23 270	228	29 640	131	17 161	180	23 580	229	29 999	132	17 424	181	23 892	230	30 360
31	17 030	180	23 400	229	29 770	132	17 292	181	23 711	230	30 130	133	17 556	182	24 024	231	30 492
32	17 160	181	23 530	230	29 900	133	17 423	182	23 842	231	30 261	134	17 688	183	24 156	232	30 624
33	17 290	182	23 660	231	30 030	134	17 554	183	23 973	232	30 392	135	17 820	184	24 288	233	30 756
34	17 420	183	23 790	232	30 160	135	17 685	184	24 104	233	30 523	136	17 952	185	24 420	234	30 888
35	17 550	184	23 920	233	30 290	136	17 816	185	24 235	234	30 654	137	18 084	186	24 552	235	31 020
36	17 680	185	24 050	234	30 420	137	17 947	186	24 366	235	30 785	138	18 216	187	24 684	236	31 152
37	17 810	186	24 180	235	30 550	138	18 078	187	24 497	236	30 916	139	18 348	188	24 816	237	31 284
38	17 940	187	24 310	236	30 680	139	18 209	188	24 628	237	31 047	140	18 480	189	24 948	238	31 416
39	18 070	188	24 440	237	30 810	140	18 340	189	24 759	238	31 178	141	18 612	190	25 080	239	31 548
40	18 200	189	24 570	238	30 940	141	18 471	190	24 890	239	31 309	142	18 744	191	25 212	240	31 680
41	18 330	190	24 700	239	31 070	142	18 602	191	25 021	240	31 440	143	18 876	192	25 344	241	31 812
42	18 460	191	24 830	240	31 200	143	18 733	192	25 152	241	31 571	144	19 008	193	25 476	242	31 944
43	18 590	192	24 960	241	31 330	144	18 864	193	25 283	242	31 702	145	19 140	194	25 608	243	32 076
44	18 720	193	25 090	242	31 460	145	18 995	194	25 414	243	31 833	146	19 272	195	25 740	244	32 208
45	18 850	194	25 220	243	31 590	146	19 126	195	25 545	244	31 964	147	19 404	196	25 872	245	32 340
46	18 980	195	25 350	244	31 720	147	19 257	196	25 676	245	32 095	148	19 536	197	26 004	246	32 472
47	19 110	196	25 480	245	31 850	148	19 388	197	25 807	246	32 226	149	19 668	198	26 136	247	32 604
48	19 240	197	25 610	246	31 980	149	19 519	198	25 938	247	32 357	150	19 800	199	26 268	248	32 736
49	19 370	198	25 740	247	32 110	150	19 650	199	26 069	248	32 488	151	19 932	200	26 400	249	32 868
50	19 500	199	25 870	248	32 240	151	19 781	200	26 200	249	32 619	152	20 064	201	26 532	250	33 000
51	19 630	200	26 000	249	32 370	152	19 912	201	26 331	250	32 750	153	20 196	202	26 664	251	33 132
52	19 760	201	26 130	250	32 500	153	20 043	202	26 462	251	32 881	154	20 328	203	26 796	252	33 264
53	19 890	202	26 260	251	32 630	154	20 174	203	26 593	252	33 012	155	20 460	204	26 928	253	33 396
54	20 020	203	26 390	252	32 760	155	20 305	204	26 724	253	33 143	156	20 592	205	27 060	254	33 528
55	20 150	204	26 520	253	32 890	156	20 436	205	26 855	254	33 274	157	20 724	206	27 192	255	33 660
56	20 280	205	26 650	254	33 020	157	20 567	206	26 986	255	33 405	158	20 856	207	27 324	256	33 792
57	20 410	206	26 780	255	33 150	158	20 698	207	27 117	256	33 536	159	20 988	208	27 456	257	33 924
58	20 540	207	26 910	256	33 280	159	20 829	208	27 248	257	33 667	160	21 120	209	27 588	258	34 056
59	20 670	208	27 040	257	33 410	160	20 960	209	27 379	258	33 798	161	21 252	210	27 720	259	34 188
60	20 800	209	27 170	258	33 540	161	21 091	210	27 510	259	33 929	162	21 384	211	27 852	260	34 320
61	20 930	210	27 300	259	33 670	162	21 222	211	27 641	260	34 060	163	21 516	212	27 984	261	34 452
62	21 060	211	27 430	260	33 800	163	21 353	212	27 772	261	34 191	164	21 648	213	28 116	262	34 584
63	21 190	212	27 560	261	33 930	164	21 484	213	27 903	262	34 322	165	21 780	214	28 248	263	34 716
64	21 320	213	27 690	262	34 060	165	21 615	214	28 034	263	34 453	166	21 912	215	28 380	264	34 848
65	21 450	214	27 820	263	34 190	166	21 746	215	28 165	264	34 584	167	22 044	216	28 512	265	34 980
66	21 580	215	27 950	264	34 320	167	21 877	216	28 296	265	34 715	168	22 176	217	28 644	266	35 112
67	21 710	216	28 080	265	34 450	168	22 008	217	28 427	266	34 846	169	22 308	218	28 776	267	35 244
68	21 840	217	28 210	266	34 580	169	22 139	218	28 558	267	34 977	170	22 440	219	28 908	268	35 376
69	21 970	218	28 340	267	34 710	170	22 270	219	28 689	268	35 108	171	22 572	220	29 040	269	35 508
70	22 100	219	28 470	268	34 840	171	22 401	220	28 820	269	35 239	172	22 704	221	29 172	270	35 640
71	22 230	220	28 600	269	34 970	172	22 532	221	28 951	270	35 370	173	22 836	222	29 304	271	35 772
72	22 360	221	28 730	270	35 100	173	22 663	222	29 082	271	35 501	174	22 968	223	29 436	272	35 904
73	22 490	222	28 860	271	35 230	174	22 794	223	29 213	272	35 632	175	23 100	224	29 568	273	36 036
74	22 620	223	28 990	272	35 360	175	22 925	224	29 344	273	35 763	176	23 232	225	29 700	274	36 168
75	22 750	224	29 120	273	35 490	176	23 056	225	29 475	274	35 894	177	23 364	226	29 832	275	36 300
76	22 880	225	29 250	274	35 620	177	23 187	226	29 606	275	36 025	178	23 496	227	29 664	276	36 432
77	23 010	226	29 380	275	35 750	178	23 318	227	29 737	276	36 156	179	23 628	228	30 096	277	36 564
78	23 140	227	29 510	276	35 880	179	23 449	228	29 868	277	36 287	180	23 760	229	30 228	278	36 696

133					
133	17 689	182	24 206	231	30 723
134	17 822	183	24 339	232	30 856
135	17 955	184	24 472	233	30 989
136	18 088	185	24 605	234	31 122
137	18 221	186	24 738	235	31 255
138	18 354	187	24 871	236	31 388
139	18 487	188	25 004	237	31 521
140	18 620	189	25 137	238	31 654
141	18 753	190	25 270	239	31 787
142	18 886	191	25 403	240	31 920
143	19 019	192	25 536	241	32 053
144	19 152	193	25 669	242	32 186
145	19 285	194	25 802	243	32 319
146	19 418	195	25 935	244	32 452
147	19 551	196	26 068	245	32 585
148	19 684	197	26 201	246	32 718
149	19 817	198	26 334	247	32 851
150	19 950	199	26 467	248	32 984
151	20 083	200	26 600	249	33 117
152	20 216	201	26 733	250	33 250
153	20 349	202	26 866	251	33 383
154	20 482	203	26 999	252	33 516
155	20 615	204	27 132	253	33 649
156	20 748	205	27 265	254	33 782
157	20 881	206	27 398	255	33 915
158	21 014	207	27 531	256	34 048
159	21 147	208	27 664	257	34 181
160	21 280	209	27 797	258	34 314
161	21 413	210	27 930	259	34 447
162	21 546	211	28 063	260	34 580
163	21 679	212	28 196	261	34 713
164	21 812	213	28 329	262	34 846
165	21 945	214	28 462	263	34 979
166	22 078	215	28 595	264	35 112
167	22 211	216	28 728	265	35 245
168	22 344	217	28 861	266	35 378
169	22 477	218	28 994	267	35 511
170	22 610	219	29 127	268	35 644
171	22 743	220	29 260	269	35 777
172	22 876	221	29 393	270	35 910
173	23 009	222	29 526	271	36 043
174	23 142	223	29 659	272	36 176
175	23 275	224	29 792	273	36 309
176	23 408	225	29 925	274	36 442
177	23 541	226	30 058	275	36 575
178	23 674	227	30 191	276	36 708
179	23 807	228	30 324	277	36 841
180	23 940	229	30 457	278	36 974
181	24 073	230	30 590	279	37 107

134					
134	17 956	183	24 522	232	31 088
135	18 090	184	24 656	233	31 222
136	18 224	185	24 790	234	31 356
137	18 358	186	24 924	235	31 490
138	18 492	187	25 058	236	31 624
139	18 626	188	25 192	237	31 758
140	18 760	189	25 326	238	31 892
141	18 894	190	25 460	239	32 026
142	19 028	191	25 594	240	32 160
143	19 162	192	25 728	241	32 294
144	19 296	193	25 862	242	32 428
145	19 430	194	25 996	243	32 562
146	19 564	195	26 130	244	32 696
147	19 698	196	26 264	245	32 830
148	19 832	197	26 398	246	32 964
149	19 966	198	26 532	247	33 098
150	20 100	199	26 666	248	33 222
151	20 234	200	26 800	249	33 366
152	20 368	201	26 934	250	33 500
153	20 502	202	27 068	251	33 634
154	20 636	203	27 202	252	33 768
155	20 770	204	27 336	253	33 902
156	20 904	205	27 470	254	34 036
157	21 038	206	27 604	255	34 170
158	21 172	207	27 738	256	34 304
159	21 306	208	27 872	257	34 438
160	21 440	209	28 006	258	34 572
161	21 574	210	28 140	259	34 706
162	21 708	211	28 274	260	34 840
163	21 842	212	28 408	261	34 974
164	21 976	213	28 542	262	35 108
165	22 110	214	28 676	263	35 242
166	22 244	215	28 810	264	35 376
167	22 378	216	28 944	265	35 510
168	22 512	217	29 078	266	35 644
169	22 646	218	29 212	267	35 778
170	22 780	219	29 346	268	35 912
171	22 914	220	29 480	269	36 046
172	23 048	221	29 614	270	36 180
173	23 182	222	29 748	271	36 314
174	23 316	223	29 882	272	36 448
175	23 450	224	30 016	273	36 582
176	23 584	225	30 150	274	36 716
177	23 718	226	30 284	275	36 850
178	23 852	227	30 418	276	36 984
179	23 986	228	30 552	277	37 118
180	24 120	229	30 686	278	37 252
181	24 254	230	30 820	279	37 386
182	24 388	231	30 954	280	37 520

135					
135	18 225	184	24 840	233	31
136	18 360	185	24 975	234	31
137	18 495	186	25 110	235	31
138	18 630	187	25 245	236	31
139	18 765	188	25 380	237	31
140	18 900	189	25 515	238	32
141	19 035	190	25 650	239	32
142	19 170	191	25 785	240	32
143	19 305	192	25 920	241	32
144	19 440	193	26 055	242	32
145	19 575	194	26 190	243	32
146	19 710	195	26 325	244	32
147	19 845	196	26 460	245	33
148	19 980	197	26 595	246	33
149	20 115	198	26 730	247	33
150	20 250	199	26 865	248	33
151	20 385	200	27 000	249	33
152	20 520	201	27 135	250	33
153	20 655	202	27 270	251	33
154	20 790	203	27 405	252	34
155	20 925	204	27 540	253	34
156	21 060	205	27 675	254	34
157	21 195	206	27 810	255	34
158	21 330	207	27 945	256	34
159	21 465	208	28 080	257	34
160	21 600	209	28 215	258	34
161	21 735	210	28 350	259	34
162	21 870	211	28 485	260	35
163	22 005	212	28 620	261	35
164	22 140	213	28 755	262	35
165	22 275	214	28 890	263	35
166	22 410	215	29 025	264	35
167	22 545	216	29 160	265	35
168	22 680	217	29 295	266	35
169	22 815	218	29 430	267	36
170	22 950	219	29 565	268	36
171	23 085	220	29 700	269	36
172	23 220	221	29 835	270	36
173	23 355	222	29 970	271	36
174	23 490	223	30 105	272	36
175	23 625	224	30 240	273	36
176	23 760	225	30 375	274	36
177	23 895	226	30 510	275	37
178	24 030	227	30 645	276	37
179	24 165	228	30 780	277	37
180	24 300	229	30 915	278	37
181	24 435	230	31 050	279	37
182	24 570	231	31 185	280	37
183	24 705	232	31 320	281	37

136						137						138					
36	18 496	185	25 160	234	31 824	137	18 769	186	25 482	235	32 195	138	19 044	187	25 806	236	32 568
37	18 632	186	25 296	235	31 960	138	18 906	187	25 619	236	32 332	139	19 182	188	25 944	237	32 706
38	18 768	187	25 432	236	32 096	139	19 043	188	25 756	237	32 469	140	19 320	189	26 082	238	32 844
39	18 904	188	25 568	237	32 232	140	19 180	189	25 893	238	32 606	141	19 458	190	26 220	239	32 982
40	19 040	189	25 704	238	32 368	141	19 317	190	26 030	239	32 743	142	19 596	191	26 358	240	33 120
41	19 176	190	25 840	239	32 504	142	19 454	191	26 167	240	32 880	143	19 734	192	26 496	241	33 258
42	19 312	191	25 976	240	32 640	143	19 591	192	26 304	241	33 017	144	19 872	193	26 634	242	33 396
43	19 448	192	26 112	241	32 776	144	19 728	193	26 441	242	33 154	145	20 010	194	26 772	243	33 534
44	19 584	193	26 248	242	32 912	145	19 865	194	26 578	243	33 291	146	20 148	195	26 910	244	33 672
45	19 720	194	26 384	243	33 048	146	20 002	195	26 715	244	33 428	147	20 286	196	27 048	245	33 810
46	19 856	195	26 520	244	33 184	147	20 139	196	26 852	245	33 565	148	20 424	197	27 186	246	33 948
47	19 992	196	26 656	245	33 320	148	20 276	197	26 989	246	33 702	149	20 562	198	27 324	247	34 086
48	20 128	197	26 792	246	33 456	149	20 413	198	27 126	247	33 839	150	20 700	199	27 462	248	34 224
49	20 264	198	26 928	247	33 592	150	20 550	199	27 263	248	33 976	151	20 838	200	27 600	249	34 362
50	20 400	199	27 064	248	33 728	151	20 687	200	27 400	249	34 113	152	20 976	201	27 738	250	34 500
51	20 536	200	27 200	249	33 864	152	20 824	201	27 537	250	34 250	153	21 114	202	27 876	251	34 638
52	20 672	201	27 336	250	34 000	153	20 961	202	27 674	251	34 387	154	21 252	203	28 014	252	34 776
53	20 808	202	27 472	251	34 136	154	21 098	203	27 811	252	34 524	155	21 390	204	28 152	253	34 914
54	20 944	203	27 608	252	34 272	155	21 235	204	27 948	253	34 661	156	21 528	205	28 290	254	35 052
55	21 080	204	27 744	253	34 408	156	21 372	205	28 085	254	34 798	157	21 666	206	28 428	255	35 190
56	21 216	205	27 880	254	34 544	157	21 509	206	28 222	255	34 935	158	21 804	207	28 566	256	35 328
57	21 352	206	28 016	255	34 680	158	21 646	207	28 359	256	35 072	159	21 942	208	28 704	257	35 466
58	21 488	207	28 152	256	34 816	159	21 783	208	28 496	257	35 209	160	22 080	209	28 842	258	35 604
59	21 624	208	28 288	257	34 952	160	21 920	209	28 633	258	35 346	161	22 218	210	28 980	259	35 742
60	21 760	209	28 424	258	35 088	161	22 057	210	28 770	259	35 483	162	22 356	211	29 118	260	35 880
61	21 896	210	28 560	259	35 224	162	22 194	211	28 907	260	35 620	163	22 494	212	29 256	261	36 018
62	22 032	211	28 696	260	35 360	163	22 331	212	29 044	261	35 757	164	22 632	213	29 394	262	36 156
63	22 168	212	28 832	261	35 496	164	22 468	213	29 181	262	35 894	165	22 770	214	29 532	263	36 294
64	22 304	213	28 968	262	35 632	165	22 605	214	29 318	263	36 031	166	22 908	215	29 670	264	36 432
65	22 440	214	29 104	263	35 768	166	22 742	215	29 455	264	36 168	167	23 046	216	29 808	265	36 570
66	22 576	215	29 240	264	35 904	167	22 879	216	29 592	265	36 305	168	23 184	217	29 946	266	36 708
67	22 712	216	29 376	265	36 040	168	23 016	217	29 729	266	36 442	169	23 322	218	30 084	267	36 846
68	22 848	217	29 512	266	36 176	169	23 153	218	29 866	267	36 579	170	23 460	219	30 222	268	36 984
69	22 984	218	29 648	267	36 312	170	23 290	219	30 003	268	36 716	171	23 598	220	30 360	269	37 122
70	23 120	219	29 784	268	36 448	171	23 427	220	30 140	269	36 853	172	23 736	221	30 498	270	37 260
71	23 156	220	29 920	269	36 584	172	23 564	221	30 277	270	36 990	173	23 874	222	30 636	271	37 398
72	23 392	221	30 056	270	36 720	173	23 701	222	30 414	271	37 127	174	24 012	223	30 774	272	37 536
73	23 528	222	30 192	271	36 856	174	23 838	223	30 551	272	37 264	175	24 150	224	30 912	273	37 674
74	23 664	223	30 328	272	36 992	175	23 975	224	30 688	273	37 401	176	24 288	225	31 050	274	37 812
75	23 800	224	30 464	273	37 128	176	24 112	225	30 825	274	37 538	177	24 426	226	31 188	275	37 950
76	23 936	225	30 600	274	37 264	177	24 249	226	30 962	275	37 675	178	24 564	227	31 326	276	38 088
77	24 072	226	30 736	275	37 400	178	24 386	227	31 099	276	37 812	179	24 702	228	31 464	277	38 226
78	24 208	227	30 872	276	37 536	179	24 523	228	31 236	277	37 949	180	24 840	229	31 602	278	38 364
79	24 344	228	31 008	277	37 672	180	24 660	229	31 373	278	38 086	181	24 978	230	31 740	279	38 502
80	24 480	229	31 144	278	37 808	181	24 797	230	31 510	279	38 223	182	25 116	231	31 878	280	38 640
81	24 616	230	31 280	279	37 944	182	24 934	231	31 647	280	38 360	183	25 254	232	32 016	281	38 778
82	24 752	231	31 416	280	38 080	183	25 071	232	31 784	281	38 497	184	25 392	233	32 154	282	38 916
83	24 888	232	31 552	281	38 216	184	25 208	233	31 921	282	38 634	185	25 530	234	32 292	283	39 054
84	25 024	233	31 688	282	38 352	185	25 345	234	32 058	283	38 771	186	25 668	235	32 430	284	39 192

139						140						141					
139	19 321	188	26 132	237	32 943	140	19 600	189	26 460	238	33 320	141	19 881	190	26 790	239	33
140	19 460	189	26 271	238	33 082	141	19 740	190	26 600	239	33 460	142	20 022	191	26 931	240	33
141	19 599	190	26 410	239	33 221	142	19 880	191	26 740	240	33 600	143	20 163	192	27 072	241	33
142	19 738	191	26 549	240	33 360	143	20 020	192	26 880	241	33 740	144	20 304	193	27 213	242	34
143	19 877	192	26 688	241	33 499	144	20 160	193	27 020	242	33 880	145	20 445	194	27 354	243	34
144	20 016	193	26 827	242	33 638	145	20 300	194	27 160	243	34 020	146	20 586	195	27 495	244	34
145	20 155	194	26 966	243	33 777	146	20 440	195	27 300	244	34 160	147	20 727	196	27 636	245	34
146	20 294	195	27 105	244	33 916	147	20 580	196	27 440	245	34 300	148	20 868	197	27 777	246	34
147	20 433	196	27 244	245	34 055	148	20 720	197	27 580	246	34 440	149	21 009	198	27 918	247	34
148	20 572	197	27 383	246	34 194	149	20 860	198	27 720	247	34 580	150	21 150	199	28 059	248	34
149	20 711	198	27 522	247	34 333	150	21 000	199	27 860	248	34 720	151	21 291	200	28 200	249	35
150	20 850	199	27 661	248	34 472	151	21 140	200	28 000	249	34 860	152	21 432	201	28 341	250	35
151	20 989	200	27 800	249	34 611	152	21 280	201	28 140	250	35 000	153	21 573	202	28 482	251	35
152	21 128	201	27 939	250	34 750	153	21 420	202	28 280	251	35 140	154	21 714	203	28 623	252	35
153	21 267	202	28 078	251	34 889	154	21 560	203	28 420	252	35 280	155	21 855	204	28 764	253	35
154	21 406	203	28 217	252	35 028	155	21 700	204	28 560	253	35 420	156	21 996	205	28 905	254	35
155	21 545	204	28 356	253	35 167	156	21 840	205	28 700	254	35 560	157	22 137	206	29 046	255	35
156	21 684	205	28 495	254	35 306	157	21 980	206	28 840	255	35 700	158	22 278	207	29 187	256	36
157	21 823	206	28 634	255	35 445	158	22 120	207	28 980	256	35 840	159	22 419	208	29 328	257	36
158	21 962	207	28 773	256	35 584	159	22 260	208	29 120	257	35 980	160	22 560	209	29 469	258	36
159	22 101	208	28 912	257	35 723	160	22 400	209	29 260	258	36 120	161	22 701	210	29 610	259	36
160	22 240	209	29 051	258	35 862	161	22 540	210	29 400	259	36 260	162	22 842	211	29 751	260	36
161	22 379	210	29 190	259	36 001	162	22 680	211	29 540	260	36 400	163	22 983	212	29 892	261	36
162	22 518	211	29 329	260	36 140	163	22 820	212	29 680	261	36 540	164	23 124	213	30 033	262	36
163	22 657	212	29 468	261	36 279	164	22 960	213	29 820	262	36 680	165	23 265	214	30 174	263	37
164	22 796	213	29 607	262	36 418	165	23 100	214	29 960	263	36 820	166	23 406	215	30 315	264	37
165	22 935	214	29 746	263	36 557	166	23 240	215	30 100	264	36 960	167	23 547	216	30 456	265	37
166	23 074	215	29 885	264	36 696	167	23 380	216	30 240	265	37 100	168	23 688	217	30 597	266	37
167	23 213	216	30 024	265	36 835	168	23 520	217	30 380	266	37 240	169	23 829	218	30 738	267	37
168	23 352	217	30 163	266	36 974	169	23 660	218	30 520	267	37 380	170	23 970	219	30 879	268	37
169	23 491	218	30 302	267	37 113	170	23 800	219	30 660	268	37 520	171	24 111	220	31 020	269	37
170	23 630	219	30 441	268	37 252	171	23 940	220	30 800	269	37 660	172	24 252	221	31 161	270	38
171	23 769	220	30 580	269	37 391	172	24 080	221	30 940	270	37 800	173	24 393	222	31 302	271	38
172	23 908	221	30 719	270	37 530	173	24 220	222	31 080	271	37 940	174	24 534	223	31 443	272	38
173	24 047	222	30 858	271	37 669	174	24 360	223	31 220	272	38 080	175	24 675	224	31 584	273	38
174	24 186	223	30 997	272	37 808	175	24 500	224	31 360	273	38 220	176	24 816	225	31 725	274	38
175	24 325	224	31 136	273	37 947	176	24 640	225	31 500	274	38 360	177	24 957	226	31 866	275	38
176	24 464	225	31 275	274	38 086	177	24 780	226	31 640	275	38 500	178	25 098	227	32 007	276	38
177	24 603	226	31 414	275	38 225	178	24 920	227	31 780	276	38 640	179	25 239	228	32 148	277	39
178	24 742	227	31 553	276	38 364	179	25 060	228	31 920	277	38 780	180	25 380	229	32 289	278	39
179	24 881	228	31 692	277	38 503	180	25 200	229	32 060	278	38 920	181	25 521	230	32 430	279	39
180	25 020	229	31 831	278	38 642	181	25 340	230	32 200	279	39 060	182	25 662	231	32 571	280	39
181	25 159	230	31 970	279	38 781	182	25 480	231	32 340	280	39 200	183	25 803	232	32 712	281	39
182	25 298	231	32 109	280	38 920	183	25 620	232	32 480	281	39 340	184	25 944	233	32 853	282	39
183	25 437	232	32 248	281	39 059	184	25 760	233	32 620	282	39 480	185	26 085	234	32 994	283	39
184	25 576	233	32 387	282	39 198	185	25 900	234	32 760	283	39 620	186	26 226	235	33 135	284	40
185	25 715	234	32 526	283	39 337	186	26 040	235	32 900	284	39 760	187	26 367	236	33 276	285	40
186	25 854	235	32 665	284	39 476	187	26 180	236	33 040	285	39 900	188	26 508	237	33 417	286	40
187	25 993	236	32 804	285	39 615	188	26 320	237	33 180	286	40 040	189	26 649	238	33 558	287	40

142						143						144					
42	20 164	191	27 122	240	34 080	143	20 449	192	27 456	241	34 463	144	20 736	193	27 792	242	34 848
43	20 306	192	27 264	241	34 222	144	20 592	193	27 599	242	34 606	145	20 880	194	27 936	243	34 992
44	20 448	193	27 406	242	34 364	145	20 735	194	27 742	243	34 749	146	21 024	195	28 080	244	35 136
45	20 590	194	27 548	243	34 506	146	20 878	195	27 885	244	34 892	147	21 168	196	28 224	245	35 280
46	20 732	195	27 690	244	34 648	147	21 021	196	28 028	245	35 035	148	21 312	197	28 368	246	35 424
47	20 874	196	27 832	245	34 790	148	21 164	197	28 171	246	35 178	149	21 456	198	28 512	247	35 568
48	21 016	197	27 974	246	34 932	149	21 307	198	28 314	247	35 321	150	21 600	199	28 656	248	35 712
49	21 158	198	28 116	247	35 074	150	21 450	199	28 457	248	35 464	151	21 744	200	28 800	249	35 856
50	21 300	199	28 258	248	35 216	151	21 593	200	28 600	249	35 607	152	21 888	201	28 944	250	36 000
51	21 442	200	28 400	249	35 358	152	21 736	201	28 743	250	35 750	153	22 032	202	29 088	251	36 144
52	21 584	201	28 542	250	35 500	153	21 879	202	28 886	251	35 893	154	22 176	203	29 232	252	36 288
53	21 726	202	28 684	251	35 642	154	22 022	203	29 029	252	36 036	155	22 320	204	29 376	253	36 432
54	21 868	203	28 826	252	35 784	155	22 165	204	29 172	253	36 179	156	22 464	205	29 520	254	36 576
55	22 010	204	28 968	253	35 926	156	22 308	205	29 315	254	36 322	157	22 608	206	29 664	255	36 720
56	22 152	205	29 110	254	36 068	157	22 451	206	29 458	255	36 465	158	22 752	207	29 808	256	36 864
57	22 294	206	29 252	255	36 210	158	22 594	207	29 601	256	36 608	159	22 896	208	29 952	257	37 008
58	22 436	207	29 394	256	36 352	159	22 737	208	29 744	257	36 751	160	23 040	209	30 096	258	37 152
59	22 578	208	29 536	257	36 494	160	22 880	209	29 887	258	36 894	161	23 184	210	30 240	259	37 296
60	22 720	209	29 678	258	36 636	161	23 023	210	30 030	259	37 037	162	23 328	211	30 384	260	37 440
61	22 862	210	29 820	259	36 778	162	23 166	211	30 173	260	37 180	163	23 472	212	30 528	261	37 584
62	23 004	211	29 962	260	36 920	163	23 309	212	30 316	261	37 323	164	23 616	213	30 672	262	37 728
63	23 146	212	30 104	261	37 062	164	23 452	213	30 459	262	37 466	165	23 760	214	30 816	263	37 872
64	23 288	213	30 246	262	37 204	165	23 595	214	30 602	263	37 609	166	23 904	215	30 960	264	38 016
65	23 430	214	30 388	263	37 346	166	23 738	215	30 745	264	37 752	167	24 048	216	31 104	265	38 160
66	23 572	215	30 530	264	37 488	167	23 881	216	30 888	265	37 895	168	24 192	217	31 248	266	38 304
67	23 714	216	30 672	265	37 630	168	24 024	217	31 031	266	38 038	169	24 336	218	31 392	267	38 448
68	23 856	217	30 814	266	37 772	169	24 167	218	31 174	267	38 181	170	24 480	219	31 536	268	38 592
69	23 998	218	30 956	267	37 914	170	24 310	219	31 317	268	38 324	171	24 624	220	31 680	269	38 736
70	24 140	219	31 098	268	38 056	171	24 453	220	31 460	269	38 467	172	24 768	221	31 824	270	38 880
71	24 282	220	31 240	269	38 198	172	24 596	221	31 603	270	38 610	173	24 912	222	31 968	271	39 024
72	24 424	221	31 382	270	38 340	173	24 739	222	31 746	271	38 752	174	25 056	223	32 112	272	39 168
73	24 566	222	31 524	271	38 482	174	24 882	223	31 889	272	38 896	175	25 200	224	32 256	273	39 312
74	24 708	223	31 666	272	38 624	175	25 025	224	32 032	273	39 039	176	25 344	225	32 400	274	39 456
75	24 850	224	31 808	273	38 766	176	25 168	225	32 175	274	39 182	177	25 488	226	32 544	275	39 600
76	24 992	225	31 950	274	38 908	177	25 311	226	32 318	275	39 325	178	25 632	227	32 688	276	39 744
77	25 134	226	32 092	275	39 050	178	25 454	227	32 461	276	39 468	179	25 776	228	32 832	277	39 888
78	25 276	227	32 234	276	39 192	179	25 597	228	32 604	277	39 611	180	25 920	229	32 976	278	40 032
79	25 418	228	32 376	277	39 334	180	25 740	229	32 747	278	39 754	181	26 064	230	33 120	279	40 176
80	25 560	229	32 518	278	39 476	181	25 883	230	32 890	279	39 897	182	26 208	231	33 264	280	40 320
81	25 702	230	32 660	279	39 618	182	26 026	231	33 033	280	40 040	183	26 352	232	33 408	281	40 464
82	25 844	231	32 802	280	39 760	183	26 169	232	33 176	281	40 183	184	26 496	233	33 552	282	40 608
83	25 986	232	32 944	281	39 902	184	26 312	233	33 319	282	40 326	185	26 640	234	33 696	283	40 752
84	26 128	233	33 086	282	40 044	185	26 455	234	33 462	283	40 469	186	26 784	235	33 840	284	40 896
85	26 270	234	33 228	283	40 186	186	26 598	235	33 605	284	40 612	187	26 928	236	33 984	285	41 040
86	26 412	235	33 370	284	40 328	187	26 741	236	33 748	285	40 755	188	27 072	237	34 128	286	41 184
87	26 554	236	33 512	285	40 470	188	26 884	237	33 891	286	40 898	189	27 216	238	34 272	287	41 328
88	26 696	237	33 654	286	40 612	189	27 027	238	34 034	287	41 041	190	27 360	239	34 416	288	41 472
89	26 838	238	33 796	287	40 754	190	27 170	239	34 177	288	41 184	191	27 504	240	34 560	289	41 616
90	26 980	239	33 938	288	40 896	191	27 313	240	34 320	289	41 327	192	27 648	241	34 704	290	41 760

145					
145	21 025	194	28 130	243	35 235
146	21 170	195	28 275	244	35 380
147	21 315	196	28 420	245	35 525
148	21 460	197	28 565	246	35 670
149	21 605	198	28 710	247	35 815
150	21 750	199	28 855	248	35 960
151	21 895	200	29 000	249	36 105
152	22 040	201	29 145	250	36 250
153	22 185	202	29 290	251	36 395
154	22 330	203	29 435	252	36 540
155	22 475	204	29 580	253	36 685
156	22 620	205	29 725	254	36 830
157	22 765	206	29 870	255	36 975
158	22 910	207	30 015	256	37 120
159	23 055	208	30 160	257	37 265
160	23 200	209	30 305	258	37 410
161	23 345	210	30 450	259	37 555
162	23 490	211	30 595	260	37 700
163	23 635	212	30 740	261	37 845
164	23 780	213	30 885	262	37 990
165	23 925	214	31 030	263	38 135
166	24 070	215	31 175	264	38 280
167	24 215	216	31 320	265	38 425
168	24 360	217	31 465	266	38 570
169	24 505	218	31 610	267	38 715
170	24 650	219	31 755	268	38 860
171	24 795	220	31 900	269	39 005
172	24 940	221	32 045	270	39 150
173	25 085	222	32 190	271	39 295
174	25 230	223	32 335	272	39 440
175	25 375	224	32 480	273	39 585
176	25 520	225	32 625	274	39 730
177	25 665	226	32 770	275	39 875
178	25 810	227	32 915	276	40 020
179	25 955	228	33 060	277	40 165
180	26 100	229	33 205	278	40 310
181	26 245	230	33 350	279	40 455
182	26 390	231	33 495	280	40 600
183	26 535	232	33 640	281	40 745
184	26 680	233	33 785	282	40 890
185	26 825	234	33 930	283	41 035
186	26 970	235	34 075	284	41 180
187	27 115	236	34 220	285	41 325
188	27 260	237	34 365	286	41 470
189	27 405	238	34 510	287	41 615
190	27 550	239	34 655	288	41 760
191	27 695	240	34 800	289	41 905
192	27 840	241	34 945	290	42 050
193	27 985	242	35 090	291	42 195

146					
146	21 316	195	28 470	244	35 624
147	21 462	196	28 616	245	35 770
148	21 608	197	28 762	246	35 916
149	21 754	198	28 908	247	36 062
150	21 900	199	29 054	248	36 208
151	22 046	200	29 200	249	36 354
152	22 192	201	29 346	250	36 500
153	22 338	202	29 492	251	36 646
154	22 484	203	29 638	252	36 792
155	22 630	204	29 784	253	36 938
156	22 776	205	29 930	254	37 084
157	22 922	206	30 076	255	37 230
158	23 068	207	30 222	256	37 376
159	23 214	208	30 368	257	37 522
160	23 360	209	30 514	258	37 668
161	23 506	210	30 660	259	37 814
162	23 652	211	30 806	260	37 960
163	23 798	212	30 952	261	38 106
164	23 944	213	31 098	262	38 252
165	24 090	214	31 244	263	38 398
166	24 236	215	31 390	264	38 544
167	24 382	216	31 536	265	38 690
168	24 528	217	31 682	266	38 836
169	24 674	218	31 828	267	38 982
170	24 820	219	31 974	268	39 128
171	24 966	220	32 120	269	39 274
172	25 112	221	32 266	270	39 420
173	25 258	222	32 412	271	39 566
174	25 404	223	32 558	272	39 712
175	25 550	224	32 704	273	39 858
176	25 696	225	32 850	274	40 004
177	25 842	226	32 996	275	40 150
178	25 988	227	33 142	276	40 296
179	26 134	228	33 288	277	40 442
180	26 280	229	33 434	278	40 588
181	26 426	230	33 580	279	40 734
182	26 572	231	33 726	280	40 880
183	26 718	232	33 872	281	41 026
184	26 864	233	34 018	282	41 172
185	27 010	234	34 164	283	41 318
186	27 156	235	34 310	284	41 464
187	27 302	236	34 456	285	41 610
188	27 448	237	34 602	286	41 756
189	27 594	238	34 748	287	41 902
190	27 740	239	34 894	288	42 048
191	27 886	240	35 040	289	42 194
192	28 032	241	35 186	290	42 340
193	28 178	242	35 332	291	42 486
194	28 324	243	35 478	292	42 632

147					
147	21 609	196	28 812	245	36
148	21 756	197	28 959	246	36
149	21 903	198	29 106	247	36
150	22 050	199	29 253	248	36
151	22 197	200	29 400	249	36
152	22 344	201	29 547	250	36
153	22 491	202	29 694	251	36
154	22 638	203	29 841	252	37
155	22 785	204	29 988	253	37
156	22 932	205	30 135	254	37
157	23 079	206	30 282	255	37
158	23 226	207	30 429	256	37
159	23 373	208	30 576	257	37
160	23 520	209	30 723	258	37
161	23 667	210	30 870	259	38
162	23 814	211	31 017	260	38
163	23 961	212	31 164	261	38
164	24 108	213	31 311	262	38
165	24 255	214	31 458	263	38
166	24 402	215	31 605	264	38
167	24 549	216	31 752	265	38
168	24 696	217	31 899	266	39
169	24 843	218	32 046	267	39
170	24 990	219	32 193	268	39
171	25 137	220	32 340	269	39
172	25 284	221	32 487	270	39
173	25 431	222	32 634	271	39
174	25 578	223	32 781	272	39
175	25 725	224	32 928	273	40
176	25 872	225	33 075	274	40
177	26 019	226	33 222	275	40
178	26 166	227	33 369	276	40
179	26 313	228	33 516	277	40
180	26 460	229	33 663	278	40
181	26 607	230	33 810	279	41
182	26 754	231	33 957	280	41
183	26 901	232	34 104	281	41
184	27 048	233	34 251	282	41
185	27 195	234	34 398	283	41
186	27 342	235	34 545	284	41
187	27 489	236	34 692	285	41
188	27 636	237	34 839	286	42
189	27 783	238	34 986	287	42
190	27 930	239	35 133	288	42
191	28 077	240	35 280	289	42
192	28 224	241	35 427	290	42
193	28 371	242	35 574	291	42
194	28 518	243	35 721	292	42
195	28 665	244	35 868	293	43

148					
48	21 904	197	29 156	246	36 408
49	22 052	198	29 304	247	36 556
50	22 200	199	29 452	248	36 704
51	22 348	200	29 600	249	36 852
52	22 496	201	29 748	250	37 000
53	22 644	202	29 896	251	37 148
54	22 792	203	30 044	252	37 296
55	22 940	204	30 192	253	37 444
56	23 088	205	30 340	254	37 592
57	23 236	206	30 488	255	37 740
58	23 384	207	30 636	256	37 888
59	23 532	208	30 784	257	38 036
60	23 680	209	30 932	258	38 184
61	23 828	210	31 080	259	38 332
62	23 976	211	31 228	260	38 480
63	24 124	212	31 376	261	38 628
64	24 272	213	31 524	262	38 776
65	24 420	214	31 672	263	38 924
66	24 568	215	31 820	264	39 072
67	24 716	216	31 968	265	39 220
68	24 864	217	32 116	266	39 368
69	25 012	218	32 264	267	39 516
70	25 160	219	32 412	268	39 664
71	25 308	220	32 560	269	39 812
72	25 456	221	32 708	270	39 960
73	25 604	222	32 856	271	40 108
74	25 752	223	33 004	272	40 256
75	25 900	224	33 152	273	40 404
76	26 048	225	33 300	274	40 552
77	26 196	226	33 448	275	40 700
78	26 344	227	33 596	276	40 848
79	26 492	228	33 744	277	40 996
80	26 640	229	33 892	278	41 144
81	26 788	230	34 040	279	41 292
82	26 936	231	34 188	280	41 440
83	27 084	232	44 336	281	41 588
84	27 232	233	34 484	282	41 736
85	27 380	234	34 632	283	41 884
86	27 528	235	34 780	284	42 032
87	27 676	236	34 928	285	42 180
88	27 824	237	35 076	286	42 328
89	27 972	238	35 224	287	42 476
90	28 120	239	35 372	288	42 624
91	28 268	240	35 520	289	42 772
92	28 416	241	35 668	290	42 920
93	28 564	242	35 816	291	43 068
94	28 712	243	35 964	292	43 216
95	28 860	244	36 112	293	43 364
96	29 008	245	36 260	294	43 512

149					
149	22 201	198	29 502	247	36 803
150	22 350	199	29 651	248	36 952
151	22 499	200	29 800	249	37 101
152	22 648	201	29 949	250	37 250
153	22 797	202	30 098	251	37 399
154	22 946	203	30 247	252	37 548
155	23 095	204	30 396	253	37 697
156	23 244	205	30 545	254	37 846
157	23 393	206	30 694	255	37 995
158	23 542	207	30 843	256	38 144
159	23 691	208	30 992	257	38 293
160	23 840	209	31 141	258	38 442
161	23 989	210	31 290	259	38 591
162	24 138	211	31 439	260	38 740
163	24 287	212	31 588	261	38 889
164	24 436	213	31 737	262	39 038
165	24 585	214	31 886	263	39 187
166	24 734	215	32 035	264	39 336
167	24 883	216	32 184	265	39 485
168	25 032	217	32 333	266	39 634
169	25 181	218	32 482	267	39 783
170	25 330	219	32 631	268	39 932
171	25 479	220	32 780	269	40 081
172	25 628	221	32 929	270	40 230
173	25 777	222	33 078	271	40 379
174	25 926	223	33 227	272	40 528
175	26 075	224	33 376	273	40 677
176	26 224	225	33 525	274	40 826
177	26 373	226	33 674	275	40 975
178	26 522	227	33 823	276	41 124
179	26 671	228	33 972	277	41 273
180	26 820	229	34 121	278	41 422
181	26 969	230	34 270	279	41 571
182	27 118	231	34 419	280	41 720
183	27 267	232	34 568	281	41 869
184	27 416	233	34 717	282	42 018
185	27 565	234	34 866	283	42 167
186	27 714	235	35 015	284	42 316
187	27 863	236	35 164	285	42 465
188	28 012	237	35 313	286	42 614
189	28 161	238	35 462	287	42 763
190	28 310	239	35 611	288	42 912
191	28 459	240	35 760	289	43 061
192	28 608	241	35 909	290	43 210
193	28 757	242	36 058	291	43 359
194	28 906	243	36 207	292	43 508
195	29 055	244	36 356	293	43 657
196	29 204	245	36 505	294	43 806
197	29 353	246	36 654	295	43 955

150					
150	22 500	199	29 850	248	37 200
151	22 650	200	30 000	249	37 350
152	22 800	201	30 150	250	37 500
153	22 950	202	30 300	251	37 650
154	23 100	203	30 450	252	37 800
155	23 250	204	30 600	253	37 950
156	23 400	205	30 750	254	38 100
157	23 550	206	30 900	255	38 250
158	23 700	207	31 050	256	38 400
159	23 850	208	31 200	257	38 550
160	24 000	209	31 350	258	38 700
161	24 150	210	31 500	259	38 850
162	24 300	211	31 650	260	39 000
163	24 450	212	31 800	261	39 150
164	24 600	213	31 950	262	39 300
165	24 750	214	32 100	263	39 450
166	24 900	215	32 250	264	39 600
167	25 050	216	32 400	265	39 750
168	25 200	217	32 550	266	39 900
169	25 350	218	32 700	267	40 050
170	25 500	219	32 850	268	40 200
171	25 650	220	33 000	269	40 350
172	25 800	221	33 150	270	40 500
173	25 950	222	33 300	271	40 650
174	26 100	223	33 450	272	40 800
175	26 250	224	33 600	273	40 950
176	26 400	225	33 750	274	41 100
177	26 550	226	33 900	275	41 250
178	26 700	227	34 050	276	41 400
179	26 850	228	34 200	277	41 550
180	27 000	229	34 350	278	41 700
181	27 150	230	34 500	279	41 850
182	27 300	231	34 650	280	42 000
183	27 450	232	34 800	281	42 150
184	27 600	233	34 950	282	42 300
185	27 750	234	35 100	283	42 450
186	27 900	235	35 250	284	42 600
187	28 050	236	35 400	285	42 750
188	28 200	237	35 550	286	42 900
189	28 350	238	35 700	287	43 050
190	28 500	239	35 850	288	43 200
191	28 650	240	36 000	289	43 350
192	28 800	241	36 150	290	43 500
193	28 950	242	36 300	291	43 650
194	29 100	243	36 450	292	43 800
195	29 250	244	36 600	293	43 950
196	29 400	245	36 750	294	44 100
197	29 550	246	36 900	295	44 250
198	29 700	247	37 050	296	44 400

151						152						153					
151	22 801	200	30 200	249	37 599	152	23 104	201	30 552	250	38 000	153	23 409	202	30 906	251	38
152	22 952	201	30 351	250	37 750	153	23 256	202	30 704	251	38 152	154	23 562	203	31 059	252	38
153	23 103	202	30 502	251	37 901	154	23 408	203	30 856	252	38 304	155	23 715	204	31 212	253	38
154	23 254	203	30 653	252	38 052	155	23 560	204	31 008	253	38 456	156	23 868	205	31 365	254	38
155	23 405	204	30 804	253	38 203	156	23 712	205	31 160	254	38 608	157	24 021	206	31 518	255	39
156	23 556	205	30 955	254	38 354	157	23 864	206	31 312	255	38 760	158	24 174	207	31 671	256	39
157	23 707	206	31 106	255	38 505	158	24 016	207	31 464	256	38 912	159	24 327	208	31 824	257	39
158	23 858	207	31 257	256	38 656	159	24 168	208	31 616	257	39 064	160	24 480	209	31 977	258	39
159	24 009	208	31 408	257	38 807	160	24 320	209	31 768	258	39 216	161	24 633	210	32 130	259	39
160	24 160	209	31 559	258	38 958	161	24 472	210	31 920	259	39 368	162	24 786	211	32 283	260	39
161	24 311	210	31 710	259	39 109	162	24 624	211	32 072	260	39 520	163	24 939	212	32 436	261	39
162	24 462	211	31 861	260	39 260	163	24 776	212	32 224	261	39 672	164	25 092	213	32 589	262	40
163	24 613	212	32 012	261	39 411	164	24 928	213	32 376	262	39 824	165	25 245	214	32 742	263	40
164	24 764	213	32 163	262	39 562	165	25 080	214	32 528	263	39 976	166	25 398	215	32 895	264	40
165	24 915	214	32 314	263	39 713	166	25 232	215	32 680	264	40 128	167	25 551	216	33 048	265	40
166	25 066	215	32 465	264	39 864	167	25 384	216	32 832	265	40 280	168	25 704	217	33 201	266	40
167	25 217	216	32 616	265	40 015	168	25 536	217	32 984	266	40 432	169	25 857	218	33 354	267	40
168	25 368	217	32 767	266	40 166	169	25 688	218	33 136	267	40 584	170	26 010	219	33 507	268	41
169	25 519	218	32 918	267	40 317	170	25 840	219	33 288	268	40 736	171	26 163	220	33 660	269	41
170	25 670	219	33 069	268	40 468	171	25 992	220	33 440	269	40 888	172	26 316	221	33 813	270	41
171	25 821	220	33 220	269	40 619	172	26 144	221	33 592	270	41 040	173	26 469	222	33 966	271	41
172	25 972	221	33 371	270	40 770	173	26 296	222	33 744	271	41 192	174	26 622	223	34 119	272	41
173	26 123	222	33 522	271	40 921	174	26 448	223	33 896	272	41 344	175	26 775	224	34 272	273	41
174	26 274	223	33 673	272	41 072	175	26 600	224	34 048	273	41 496	176	26 928	225	34 425	274	41
175	26 425	224	33 824	273	41 223	176	26 752	225	34 200	274	41 648	177	27 081	226	34 578	275	42
176	26 576	225	33 975	274	41 374	177	26 904	226	34 352	275	41 800	178	27 234	227	34 731	276	42
177	26 727	226	34 126	275	41 525	178	27 056	227	34 504	276	41 952	179	27 387	228	34 884	277	42
178	26 878	227	34 277	276	41 676	179	27 208	228	34 656	277	42 104	180	27 540	229	35 037	278	42
179	27 029	228	34 428	277	41 827	180	27 360	229	34 808	278	42 256	181	27 693	230	35 190	279	42
180	27 180	229	34 579	278	41 978	181	27 512	230	34 960	279	42 408	182	27 846	231	35 343	280	42
181	27 331	230	34 730	279	42 129	182	27 664	231	35 112	280	42 560	183	27 999	232	35 496	281	42
182	27 482	231	34 881	280	42 280	183	27 816	232	35 264	281	42 712	184	28 152	233	35 649	282	43
183	27 633	232	35 032	281	42 431	184	27 968	233	35 416	282	42 864	185	28 305	234	35 802	283	43
184	27 784	233	35 183	282	42 582	185	28 120	234	35 568	283	43 016	186	28 458	235	35 955	284	43
185	27 935	234	35 334	283	42 733	186	28 272	235	35 720	284	43 168	187	28 611	236	36 108	285	43
186	28 086	235	35 485	284	42 884	187	28 424	236	35 872	285	43 320	188	28 764	237	36 261	286	43
187	28 237	236	35 636	285	43 035	188	28 576	237	36 024	286	43 472	189	28 917	238	36 414	287	43
188	28 388	237	35 787	286	43 186	189	28 728	238	36 176	287	43 624	190	29 070	239	36 567	288	44
189	28 539	238	35 938	287	43 337	190	28 880	239	36 328	288	43 776	191	29 223	240	36 720	289	44
190	28 690	239	36 089	288	43 488	191	29 032	240	36 480	289	43 928	192	29 376	241	36 873	290	44
191	28 841	240	36 240	289	43 639	192	29 184	241	36 632	290	44 080	193	29 529	242	37 026	291	44
192	28 992	241	36 391	290	43 790	193	29 336	242	36 784	291	44 232	194	29 682	243	37 179	292	44
193	29 143	242	36 542	291	43 941	194	29 488	243	36 936	292	44 384	195	29 835	244	37 332	293	44
194	29 294	243	36 693	292	44 092	195	29 640	244	37 088	293	44 536	196	29 988	245	37 485	294	44
195	29 445	244	36 844	293	44 243	196	29 792	245	37 240	294	44 688	197	30 141	246	37 638	295	45
196	29 596	245	36 995	294	44 394	197	29 944	246	37 392	295	44 840	198	30 294	247	37 791	296	45
197	29 747	246	37 146	295	44 545	198	30 096	247	37 544	296	44 992	199	30 447	248	37 944	297	45
198	29 898	247	37 297	296	44 696	199	30 248	248	37 696	297	45 144	200	30 600	249	38 097	298	45
199	30 049	248	37 448	297	44 847	200	30 400	249	37 848	298	45 296	201	30 753	250	38 250	299	45

154

23 716	203	31 262	252	38 808
23 870	204	31 416	253	38 962
24 024	205	31 570	254	39 116
24 178	206	31 724	255	39 270
24 332	207	31 878	256	39 424
24 486	208	32 032	257	39 578
24 640	209	32 186	258	39 732
24 794	210	32 340	259	39 886
24 948	211	32 494	260	40 040
25 102	212	32 648	261	40 194
25 256	213	32 802	262	40 348
25 410	214	32 956	263	40 502
25 564	215	33 110	264	40 656
25 718	216	33 264	265	40 810
25 872	217	33 418	266	40 964
26 026	218	33 572	267	41 118
26 180	219	33 726	268	41 272
26 334	220	33 880	269	41 426
26 488	221	34 034	270	41 580
26 642	222	34 188	271	41 734
26 796	223	34 342	272	41 888
26 950	224	34 496	273	42 042
27 104	225	34 650	274	42 196
27 258	226	34 804	275	42 350
27 412	227	34 958	276	42 504
27 566	228	35 112	277	42 658
27 720	229	35 266	278	42 812
27 874	230	35 420	279	42 966
28 028	231	35 574	280	43 120
28 182	232	35 728	281	43 274
28 336	233	35 882	282	43 428
28 490	234	36 036	283	43 582
28 644	235	36 190	284	43 736
28 798	236	36 344	285	43 890
28 952	237	36 498	286	44 044
29 106	238	36 652	287	44 198
29 260	239	36 806	288	44 352
29 414	240	36 960	289	44 506
29 568	241	37 114	290	44 660
29 722	242	37 268	291	44 814
29 876	243	37 422	292	44 968
30 030	244	37 576	293	45 122
30 184	245	37 730	294	45 276
30 338	246	37 884	295	45 430
30 492	247	38 038	296	45 584
30 646	248	38 192	297	45 738
30 800	249	38 346	298	45 892
30 954	250	38 500	299	46 046
31 108	251	38 654	300	46 200

155

155	24 025	204	31 620	253	39 215
156	24 180	205	31 775	254	39 370
157	24 335	206	31 930	255	39 525
158	24 490	207	32 085	256	39 680
159	24 645	208	32 240	257	39 835
160	24 800	209	32 395	258	39 990
161	24 955	210	32 550	259	40 145
162	25 110	211	32 705	260	40 300
163	25 265	212	32 860	261	40 455
164	25 420	213	33 015	262	40 610
165	25 575	214	33 170	263	40 765
166	25 730	215	33 325	264	40 920
167	25 885	216	33 480	265	41 075
168	26 040	217	33 635	266	41 230
169	26 195	218	33 790	267	41 385
170	26 350	219	33 945	268	41 540
171	26 505	220	34 100	269	41 695
172	26 660	221	34 255	270	41 850
173	26 815	222	34 410	271	42 005
174	26 970	223	34 565	272	42 160
175	27 125	224	34 720	273	42 315
176	27 280	225	34 875	274	42 470
177	27 435	226	35 030	275	42 625
178	27 590	227	35 185	276	42 780
179	27 745	228	35 340	277	42 935
180	27 900	229	35 495	278	43 090
181	28 055	230	35 650	279	43 245
182	28 210	231	35 805	280	43 400
183	28 365	232	35 960	281	43 555
184	28 520	233	36 115	282	43 710
185	28 675	234	36 270	283	43 865
186	28 830	235	36 425	284	44 020
187	28 985	236	36 580	285	44 175
188	29 140	237	36 735	286	44 330
189	29 295	238	36 890	287	44 485
190	29 450	239	37 045	288	44 640
191	29 605	240	37 200	289	44 795
192	29 760	241	37 355	290	44 950
193	29 915	242	37 510	291	45 105
194	30 070	243	37 665	292	45 260
195	30 225	244	37 820	293	45 415
196	30 380	245	37 975	294	45 570
197	30 535	246	38 130	295	45 725
198	30 690	247	38 285	296	45 880
199	30 845	248	38 440	297	46 035
200	31 000	249	38 595	298	46 190
201	31 155	250	38 750	299	46 345
202	31 310	251	38 905	300	46 500
203	31 465	252	39 060	301	46 655

156

156	24 336	205	31 980	254	39 624
157	24 492	206	32 136	255	39 780
158	24 648	207	32 292	256	39 936
159	24 804	208	32 448	257	40 092
160	24 960	209	32 604	258	40 248
161	25 116	210	32 760	259	40 404
162	25 272	211	32 916	260	40 560
163	25 428	212	33 072	261	40 716
164	25 584	213	33 228	262	40 872
165	25 740	214	33 384	263	41 028
166	25 896	215	33 540	264	41 184
167	26 052	216	33 696	265	41 340
168	26 208	217	33 852	266	41 496
169	26 364	218	34 008	267	41 652
170	26 520	219	34 164	268	41 808
171	26 676	220	34 320	269	41 964
172	26 832	221	34 476	270	42 120
173	26 988	222	34 632	271	42 276
174	27 144	223	34 788	272	42 432
175	27 300	224	34 944	273	42 588
176	27 456	225	35 100	274	42 744
177	27 612	226	35 256	275	42 900
178	27 768	227	35 412	276	43 056
179	27 924	228	35 568	277	43 212
180	28 080	229	35 724	278	43 368
181	28 236	230	35 880	279	43 524
182	28 392	231	36 036	280	43 680
183	28 548	232	36 192	281	43 836
184	28 704	233	36 348	282	43 992
185	28 860	234	36 504	283	44 148
186	29 016	235	36 660	284	44 304
187	29 172	236	36 816	285	44 460
188	29 328	237	36 972	286	44 616
189	29 484	238	37 128	287	44 772
190	29 640	239	37 284	288	44 928
191	29 796	240	37 440	289	45 084
192	29 952	241	37 596	290	45 240
193	30 108	242	37 752	291	45 396
194	30 264	243	37 908	292	45 552
195	30 420	244	38 064	293	45 708
196	30 576	245	38 220	294	45 864
197	30 732	246	38 376	295	46 020
198	30 888	247	38 532	296	46 176
199	31 044	248	38 688	297	46 332
200	31 200	249	38 844	298	46 488
201	31 356	250	39 000	299	46 644
202	31 512	251	39 156	300	46 800
203	31 668	252	39 312	301	46 956
204	31 824	253	39 468	302	47 112

157						158						159					
157	24 649	206	32 342	255	40 035	158	24 964	207	32 706	256	40 448	159	25 281	208	33 072	257	4
158	24 806	207	32 499	256	40 192	159	25 122	208	32 864	257	40 606	160	25 440	209	33 231	258	4
159	24 963	208	32 656	257	40 349	160	25 280	209	33 022	258	40 764	161	25 599	210	33 390	259	4
160	25 120	209	32 813	258	40 506	161	25 438	210	33 180	259	40 922	162	25 758	211	33 549	260	4
161	25 277	210	32 970	259	40 663	162	25 596	211	33 338	260	41 080	163	25 917	212	33 708	261	4
162	25 434	211	33 127	260	40 820	163	25 754	212	33 496	261	41 238	164	26 076	213	33 867	262	4
163	25 591	212	33 284	261	40 977	164	25 912	213	33 654	262	41 396	165	26 235	214	34 026	263	4
164	25 748	213	33 441	262	41 134	165	26 070	214	33 812	263	41 554	166	26 394	215	34 185	264	4
165	25 905	214	33 598	263	41 291	166	26 228	215	33 970	264	41 712	167	26 553	216	34 344	265	4
166	26 062	215	33 755	264	41 448	167	26 386	216	34 128	265	41 870	168	26 712	217	34 503	266	4
167	26 219	216	33 912	265	41 605	168	26 544	217	34 286	266	42 028	169	26 871	218	34 662	267	4
168	26 376	217	34 069	266	41 762	169	26 702	218	34 444	267	42 186	170	27 030	219	34 821	268	4
169	26 533	218	34 226	267	41 919	170	26 860	219	34 602	268	42 344	171	27 189	220	34 980	269	4
170	26 690	219	34 383	268	42 076	171	27 018	220	34 760	269	42 502	172	27 348	221	35 139	270	4
171	26 847	220	34 540	269	42 233	172	27 176	221	34 918	270	42 660	173	27 507	222	35 298	271	4
172	27 004	221	34 697	270	42 390	173	27 334	222	35 076	271	42 818	174	27 666	223	35 457	272	4
173	27 161	222	34 854	271	42 547	174	27 492	223	35 234	272	42 976	175	27 825	224	35 616	273	4
174	27 318	223	35 011	272	42 704	175	27 650	224	35 392	273	43 134	176	27 984	225	35 775	274	4
175	27 475	224	35 168	273	42 861	176	27 808	225	35 550	274	43 292	177	28 143	226	35 934	275	4
176	27 632	225	35 325	274	43 018	177	27 966	226	35 708	275	43 450	178	28 302	227	36 093	276	4
177	27 789	226	35 482	275	43 175	178	28 124	227	35 866	276	43 608	179	28 461	228	36 252	277	4
178	27 946	227	35 639	276	43 332	179	28 282	228	36 024	277	43 766	180	28 620	229	36 411	278	4
179	28 103	228	35 796	277	43 489	180	28 440	229	36 182	278	43 924	181	28 779	230	36 570	279	4
180	28 260	229	35 953	278	43 646	181	28 598	230	36 340	279	44 082	182	28 938	231	36 729	280	4
181	28 417	230	36 110	279	43 803	182	28 756	231	36 498	280	44 240	183	29 097	232	36 888	281	4
182	28 574	231	36 267	280	43 960	183	28 914	232	36 656	281	44 398	184	29 256	233	37 047	282	4
183	28 731	232	36 424	281	44 117	184	29 072	233	36 814	282	44 556	185	29 415	234	37 206	283	4
184	28 888	233	36 581	282	44 274	185	29 230	234	36 972	283	44 714	186	29 574	235	37 365	284	4
185	29 045	234	36 738	283	44 431	186	29 388	235	37 130	284	44 872	187	29 733	236	37 524	285	4
186	29 202	235	36 895	284	44 588	187	29 546	236	37 288	285	45 030	188	29 892	237	37 683	286	4
187	29 359	236	37 052	285	44 745	188	29 704	237	37 446	286	45 188	189	30 051	238	37 842	287	4
188	29 516	237	37 209	286	44 902	189	29 862	238	37 604	287	45 346	190	30 210	239	38 001	288	4
189	29 673	238	37 366	287	45 059	190	30 020	239	37 762	288	45 504	191	30 369	240	38 160	289	4
190	29 830	239	37 523	288	45 216	191	30 178	240	37 920	289	45 662	192	30 528	241	38 319	290	4
191	29 987	240	37 680	289	45 373	192	30 336	241	38 078	290	45 820	193	30 687	242	38 478	291	4
192	30 144	241	37 837	290	45 530	193	30 494	242	38 236	291	45 978	194	30 846	243	38 637	292	4
193	30 301	242	37 994	291	45 687	194	30 652	243	38 394	292	46 136	195	31 005	244	38 796	293	4
194	30 458	243	38 151	292	45 844	195	30 810	244	38 552	293	46 294	196	31 164	245	38 955	294	4
195	30 615	244	38 308	293	46 001	196	30 968	245	38 710	294	46 452	197	31 323	246	39 114	295	4
196	30 772	245	38 465	294	46 158	197	31 126	246	38 868	295	46 610	198	31 482	247	39 273	296	4
197	30 929	246	38 622	295	46 315	198	31 284	247	39 026	296	46 768	199	31 641	248	39 432	297	4
198	31 086	247	38 779	296	46 472	199	31 442	248	39 184	297	46 926	200	31 800	249	39 591	298	4
199	31 243	248	38 936	297	46 629	200	31 600	249	39 342	298	47 084	201	31 959	250	39 750	299	4
200	31 400	249	39 093	298	46 786	201	31 758	250	39 500	299	47 242	202	32 118	251	39 909	300	4
201	31 557	250	39 250	299	46 943	202	31 916	251	39 658	300	47 400	203	32 277	252	40 068	301	4
202	31 714	251	39 407	300	47 100	203	32 074	252	39 816	301	47 558	204	32 436	253	40 227	302	4
203	31 871	252	39 564	301	47 257	204	32 232	253	39 974	302	47 716	205	32 595	254	40 386	303	4
204	32 028	253	39 721	302	47 414	205	32 390	254	40 132	303	47 874	206	32 754	255	40 545	304	4
205	32 185	254	39 878	303	47 571	206	32 548	255	40 290	304	48 032	207	32 913	256	40 704	305	4

160						161						162					
60	25 600	209	33 440	258	41 280	161	25 921	210	33 810	259	41 699	162	26 244	211	34 182	260	42 120
61	25 760	210	33 600	259	41 440	162	26 082	211	33 971	260	41 860	163	26 406	212	34 344	261	42 282
62	25 920	211	33 760	260	41 600	163	26 243	212	34 132	261	42 021	164	26 568	213	34 506	262	42 444
63	26 080	212	33 920	261	41 760	164	26 404	213	34 293	262	42 182	165	26 730	214	34 668	263	42 606
64	26 240	213	34 080	262	41 920	165	26 565	214	34 454	263	42 343	166	26 892	215	34 830	264	42 768
65	26 400	214	34 240	263	42 080	166	26 726	215	34 615	264	42 504	167	27 054	216	34 992	265	42 930
66	26 560	215	34 400	264	42 240	167	26 887	216	34 776	265	42 665	168	27 216	217	35 154	266	43 092
67	26 720	216	34 560	265	42 400	168	27 048	217	34 937	266	42 826	169	27 378	218	35 316	267	43 254
68	26 880	217	34 720	266	42 560	169	27 209	218	35 098	267	42 987	170	27 540	219	35 478	268	43 416
69	27 040	218	34 880	267	42 720	170	27 370	219	35 259	268	43 148	171	27 702	220	35 640	269	43 578
70	27 200	219	35 040	268	42 880	171	27 531	220	35 420	269	43 309	172	27 864	221	35 802	270	43 740
71	27 360	220	35 200	269	43 040	172	27 692	221	35 581	270	43 470	173	28 026	222	35 964	271	43 902
72	27 520	221	35 360	270	43 200	173	27 853	222	35 742	271	43 631	174	28 188	223	36 126	272	44 064
73	27 680	222	35 520	271	43 360	174	28 014	223	35 903	272	43 792	175	28 350	224	36 288	273	44 226
74	27 840	223	35 680	272	43 520	175	28 175	224	36 064	273	43 953	176	28 512	225	36 450	274	44 388
75	28 000	224	35 840	273	43 680	176	28 336	225	36 225	274	44 114	177	28 674	226	36 612	275	44 550
76	28 160	225	36 000	274	43 840	177	28 497	226	36 386	275	44 275	178	28 836	227	36 774	276	44 712
77	28 320	226	36 160	275	44 000	178	28 658	227	36 547	276	44 436	179	28 998	228	36 936	277	44 874
78	28 480	227	36 320	276	44 160	179	28 819	228	36 708	277	44 597	180	29 160	229	37 098	278	45 036
79	28 640	228	36 480	277	44 320	180	28 980	229	36 869	278	44 758	181	29 322	230	37 260	279	45 198
80	28 800	229	36 640	278	44 480	181	29 141	230	37 030	279	44 919	182	29 484	231	37 422	280	45 360
81	28 960	230	36 800	279	44 640	182	29 302	231	37 191	280	45 080	183	29 646	232	37 584	281	45 522
82	29 120	231	36 960	280	44 800	183	29 463	232	37 352	281	45 241	184	29 808	233	37 746	282	45 684
83	29 280	232	37 120	281	44 960	184	29 624	233	37 513	282	45 402	185	29 970	234	37 908	283	45 846
84	29 440	233	37 280	282	45 120	185	29 785	234	37 674	283	45 563	186	30 132	235	38 070	284	46 008
85	29 600	234	37 440	283	45 280	186	29 946	235	37 835	284	45 724	187	30 294	236	38 232	285	46 170
86	29 760	235	37 600	284	45 440	187	30 107	236	37 996	285	45 885	188	30 456	237	38 394	286	46 332
87	29 920	236	37 760	285	45 600	188	30 268	237	38 157	286	46 046	189	30 618	238	38 556	287	46 494
88	30 080	237	37 920	286	45 760	189	30 429	238	38 318	287	46 207	190	30 780	239	38 718	288	46 656
89	30 240	238	38 080	287	45 920	190	30 590	239	38 479	288	46 368	191	30 942	240	38 880	289	46 818
90	30 400	239	38 240	288	46 080	191	30 751	240	38 640	289	46 529	192	31 104	241	39 042	290	46 980
91	30 560	240	38 400	289	46 240	192	30 912	241	38 801	290	46 690	193	31 266	242	39 204	291	47 142
92	30 720	241	38 560	290	46 400	193	31 073	242	38 962	291	46 851	194	31 428	243	39 366	292	47 304
93	30 880	242	38 720	291	46 560	194	31 234	243	39 123	292	47 012	195	31 590	244	39 528	293	47 466
94	31 040	243	38 880	292	46 720	195	31 395	244	39 284	293	47 173	196	31 752	245	39 690	294	47 628
95	31 200	244	39 040	293	46 880	196	31 556	245	39 445	294	47 334	197	31 914	246	39 852	295	47 790
96	31 360	245	39 200	294	47 040	197	31 717	246	39 606	295	47 495	198	32 076	247	40 014	296	47 952
97	31 520	246	39 360	295	47 200	198	31 878	247	39 767	296	47 656	199	32 238	248	40 176	297	48 114
98	31 680	247	39 520	296	47 360	199	32 039	248	39 928	297	47 817	200	32 400	249	40 338	298	48 276
99	31 840	248	39 680	297	47 520	200	32 200	249	40 089	298	47 978	201	32 562	250	40 500	299	48 438
00	32 000	249	39 840	298	47 680	201	32 361	250	40 250	299	48 139	202	32 724	251	40 662	300	48 600
01	32 160	250	40 000	299	47 840	202	32 522	251	40 411	300	48 300	203	32 886	252	40 824	301	48 762
02	32 320	251	40 160	300	48 000	203	32 683	252	40 572	301	48 461	204	33 048	253	40 986	302	48 924
03	32 480	252	40 320	301	48 160	204	32 844	253	40 733	302	48 622	205	33 210	254	41 148	303	49 086
04	32 640	253	40 480	302	48 320	205	33 005	254	40 894	303	48 783	206	33 372	255	41 310	304	49 248
05	32 800	254	40 640	303	48 480	206	33 166	255	41 055	304	48 944	207	33 534	256	41 472	305	49 410
06	32 960	255	40 800	304	48 640	207	33 327	256	41 216	305	49 105	208	33 696	257	41 634	306	49 572
07	33 120	256	40 960	305	48 800	208	33 488	257	41 377	306	49 266	209	33 858	258	41 796	307	49 734
08	33 280	257	41 120	306	48 960	209	33 649	258	41 538	307	49 427	210	34 020	259	41 958	308	49 896

Table de Multiplication.

2		3		4		5		6		7		8		9		10		11		12		13		14	
2	4	3	9	4	16	5	25	6	36	7	49	8	64	9	81	10	100	11	121	12	144	13	169	14	196
3	6	4	12	5	20	6	30	7	42	8	56	9	72	10	90	11	110	12	132	13	156	14	182	15	210
4	8	5	15	6	24	7	35	8	48	9	63	10	80	11	99	12	120	13	143	14	168	15	195	16	224
5	10	6	18	7	28	8	40	9	54	10	70	11	88	12	108	13	130	14	154	15	180	16	208	17	238
6	12	7	21	8	32	9	45	10	60	11	77	12	96	13	117	14	140	15	165	16	192	17	221	18	252
7	14	8	24	9	36	10	50	11	66	12	84	13	104	14	126	15	150	16	176	17	204	18	234	19	266
8	16	9	27	10	40	11	55	12	72	13	91	14	112	15	135	16	160	17	187	18	216	19	247	20	280
9	18	10	30	11	44	12	60	13	78	14	98	15	120	16	144	17	170	18	198	19	228	20	260	21	294
0	20	11	33	12	48	13	65	14	84	15	105	16	128	17	153	18	180	19	209	20	240	21	273	22	308
1	22	12	36	13	52	14	70	15	90	16	112	17	136	18	162	19	190	20	220	21	252	22	286	23	322
2	24	13	39	14	56	15	75	16	96	17	119	18	144	19	171	20	200	21	231	22	264	23	299	24	336
3	26	14	42	15	60	16	80	17	102	18	126	19	152	20	180	21	210	22	242	23	276	24	312	25	350
4	28	15	45	16	64	17	85	18	108	19	133	20	160	21	189	22	220	23	253	24	288	25	325	26	364
5	30	16	48	17	68	18	90	19	114	20	140	21	168	22	198	23	230	24	264	25	300	26	338	27	378
6	32	17	51	18	72	19	95	20	120	21	147	22	176	23	207	24	240	25	275	26	312	27	351	28	392
7	34	18	54	19	76	20	100	21	126	22	154	23	184	24	216	25	250	26	286	27	324	28	364	29	406
8	36	19	57	20	80	21	105	22	132	23	161	24	192	25	225	26	260	27	297	28	336	29	377	30	420
9	38	20	60	21	84	22	110	23	138	24	168	25	200	26	234	27	270	28	308	29	348	30	390	31	434
0	40	21	63	22	88	23	115	24	144	25	175	26	208	27	243	28	280	29	319	30	360	31	403	32	448
1	42	22	66	23	92	24	120	25	150	26	182	27	216	28	252	29	290	30	330	31	372	32	416	33	462
2	44	23	69	24	96	25	125	26	156	27	189	28	224	29	261	30	300	31	341	32	384	33	429	34	476
3	46	24	72	25	100	26	130	27	162	28	196	29	232	30	270	31	310	32	352	33	396	34	442	35	490
4	48	25	75	26	104	27	135	28	168	29	203	30	240	31	279	32	320	33	363	34	408	35	455	36	504
5	50	26	78	27	108	28	140	29	174	30	210	31	248	32	288	33	330	34	374	35	420	36	468	37	518
6	52	27	81	28	112	29	145	30	180	31	217	32	256	33	297	34	340	35	385	36	432	37	481	38	532
7	54	28	84	29	116	30	150	31	186	32	224	33	264	34	306	35	350	36	396	37	444	38	494	39	546
8	56	29	87	30	120	31	155	32	192	33	231	34	272	35	315	36	360	37	407	38	456	39	507	40	560
9	58	30	90	31	124	32	160	33	198	34	238	35	280	36	324	37	370	38	418	39	468	40	520	41	574
0	60	31	93	32	128	33	165	34	204	35	245	36	288	37	333	38	380	39	429	40	480	41	533	42	588
1	62	32	96	33	132	34	170	35	210	36	252	37	296	38	342	39	390	40	440	41	492	42	546	43	602
2	64	33	99	34	136	35	175	36	216	37	259	38	304	39	351	40	400	41	451	42	504	43	559	44	616
3	66	34	102	35	140	36	180	37	222	38	266	39	312	40	360	41	410	42	462	43	516	44	572	45	630
4	68	35	105	36	144	37	185	38	228	39	273	40	320	41	369	42	420	43	473	44	528	45	585	46	644
5	70	36	108	37	148	38	190	39	234	40	280	41	328	42	378	43	430	44	484	45	540	46	598	47	658
6	72	37	111	38	152	39	195	40	240	41	287	42	336	43	387	44	440	45	495	46	552	47	611	48	672
7	74	38	114	39	156	40	200	41	246	42	294	43	344	44	396	45	450	46	506	47	564	48	624	49	686
8	76	39	117	40	160	41	205	42	252	43	301	44	352	45	405	46	460	47	517	48	576	49	637	50	700
9	78	40	120	41	164	42	210	43	258	44	308	45	360	46	414	47	470	48	528	49	588	50	650	51	714
0	80	41	123	42	168	43	215	44	264	45	315	46	368	47	423	48	480	49	539	50	600	51	663	52	728
1	82	42	126	43	172	44	220	45	270	46	322	47	376	48	432	49	490	50	550	51	612	52	676	53	742
2	84	43	129	44	176	45	225	46	276	47	329	48	384	49	441	50	500	51	561	52	624	53	689	54	756
3	86	44	132	45	180	46	230	47	282	48	336	49	392	50	450	51	510	52	572	53	636	54	702	55	770
4	88	45	135	46	184	47	235	48	288	49	343	50	400	51	459	52	520	53	583	54	648	55	715	56	784
5	90	46	138	47	188	48	240	49	294	50	350	51	408	52	468	53	530	54	594	55	660	56	728	57	798
6	92	47	141	48	192	49	245	50	300	51	357	52	416	53	477	54	540	55	605	56	672	57	741	58	812
7	94	48	144	49	196	50	250	51	306	52	364	53	424	54	486	55	550	56	616	57	684	58	754	59	826
8	96	49	147	50	200	51	255	52	312	53	371	54	432	55	495	56	560	57	627	58	696	59	767	60	840
9	98	50	150	51	204	52	260	53	318	54	378	55	440	56	504	57	570	58	638	59	708	60	780	61	854
0	100	51	153	52	208	53	265	54	324	55	385	56	448	57	513	58	580	59	649	60	720	61	793	62	868
1	102	52	156	53	212	54	270	55	330	56	392	57	456	58	522	59	590	60	660	61	732	62	806	63	882
2	104	53	159	54	216	55	275	56	336	57	399	58	464	59	531	60	600	61	671	62	744	63	819	64	896
3	106	54	162	55	220	56	280	57	342	58	406	59	472	60	540	61	610	62	682	63	756	64	832	65	910
4	108	55	165	56	224	57	285	58	348	59	413	60	480	61	549	62	620	63	693	64	768	65	845	66	924
5	110	56	168	57	228	58	290	59	354	60	420	61	488	62	558	63	630	64	704	65	780	66	858	67	938
6	112	57	171	58	232	59	295	60	360	61	427	62	496	63	567	64	640	65	715	66	792	67	871	68	952
7	114	58	174	59	236	60	300	61	366	62	434	63	504	64	576	65	650	66	726	67	804	68	884	69	966
8	116	59	177	60	240	61	305	62	372	63	441	64	512	65	585	66	660	67	737	68	816	69	897	70	980

www.ingramcontent.com/pod-product-compliance
Lightning Source LLC
LaVergne TN
LVHW020549060726
842525LV00004B/1368

9782019605599